집 안에서 배우는 수학

집에서 도시까지 재미있는 수학세상 이야기

집 안에서 배우는 수학

로뱅 자매 지음 | 고민정 옮김

YANG 얀문 MOON

이미지 저작권

표지 및 내부 삽화: 라시드 마라이(Rachid Maraï)
p. 89: *Arithmerica, Margarita Philosophia*(1503), Gregor Reisch
p. 148: 보스턴 전경 © Marcio Jose Bastos Silva, Shutterstock.com
p. 149: 황제 샤를 4세의 생-드니 입성(약 1460년경), Jean Fouquet
p. 153: 격자문(1525), Albrecht Dürer

• 이 책에 등장하는 모든 실험들은 어른의 지도 아래 이뤄져야 합니다.

Original title : Vous avez dit maths?

by Robin JAMET

© DUNOD, Paris, 2014, first edition. Published in partnership with Universcience
Illustrations by Rachid Maraï

Korean language translation rights arranged through Icarias Agency, South Korea.
Korean translation © 2017 Yangmoon Publishing

차례

수학이라고?

머리말

사람들은 다리 밑을 지나갈 때마다 각자 서로 다른 것을 떠올린다. 건축가는 왜 이런 형태를 선택했을까 하고 궁금할 것이고 엔지니어는 어떤 자재를 사용해 건설했는지를 찾아내려고 할 것이며, 음악가는 음향을 테스트해 이 장소에서는 어떤 종류의 콘서트를 여는 것이 적절할지 알아보려고 할 것이다. 또 사진작가는 사진 찍기 좋은 각도를 찾을 것이며, 화가는 하루 중 빛이 가장 아름다운 때가 언제인지 따져볼 것이고 역사가는 다리를 건축했을 당시의 다리 역할을 생각해볼 것이며 예술전문가는 장식 스타일을 살펴볼 것이다.

그렇다면 수학자는 어떨까? 수학자는 물의 흐름을 정확하게 기술하는 것이 얼마나 어려울지를 생각하고, 아치의 형태는 어떤 수학 곡선을 선택했는지 궁금해할 것이며, 장식을 관찰해서 평범한 혹은 독특한 대칭성을 찾아낼 것이다.

이 책은 독자들이 수학자의 안경을 쓰고 세상을 바라보게 한다. 만약 수학이 그저 계산이나 기하학의 자와 컴퍼스로 이루어진 도형의 학문이라고 지금껏 생각했던 사람이라면 굉장히 놀랄 것이다. 수학은 이 세상 모든 것과 관련되어 있기 때문이다!

수학 분야에서 최고 영예인 필즈 메달을 수상한 미국 수학자 윌리엄 서스턴은 수학에 대해 "수학은 수학자들이 하는 일이고, 수학자들은 수학 연구를 한다."고 했는데, 수학에 대한 이보다 더 적절한 정의는 찾기 어려울 것이다. 즉 수학자가 한 사물에 관심을 갖고 보는 순간, 거기에서 수학적 사물을 끄집어낸다는 것이다.

독자들에게 강조한다. 한번 눈이 뜨이고 나면, 온 사방에서 수학을 보게 되므로 다시는 세상을 이전처럼 볼 수 없을 것이다!

1

주방에서 발견한 다양한 모양

주방에는 다양한 모양의 각종 그릇과 도구 등 수학자들이 영감을 얻을 만한 물건으로 가득 차 있다. 아직 잠이 덜 깬 수학자라 하더라도 말이다. 어쨌든 아직 잠에서 덜 깬 수학자라도 보통은 그 상태가 오래가지는 않을 것이다. 수학자라는 이 이상한 사람들이 가장 좋아하는 음료가 바로 커피이기 때문이다. 팔 에르되시는 이렇게 말한 바 있다.

"수학자는 커피를 정리(theorem)로 변환하는 기계다!"

타일 무늬와 테셀레이션

주방에 들어가 보자. 바닥과 싱크대, 벽에 타일이 있을 것이다. 욕실도 살펴보면 또 다른 타일 무늬를 발견할 것이다. 타일은 어떤 면을 빈틈없이 덮을 때 이용하는데, 이렇게 평면을 도형으로 빈틈없이 덮는 것을 수학에서는 테셀레이션이라 부른다. 대부분 모두 동일하게 생긴 정사각형 혹은 보통 붉은색 '육각타일' 등 한두 가지 모양의 타일을 사용한다.

이 외에도 팔각형과 정사각형을 혼합한 형태의 타일 무늬도 종종 보인다.

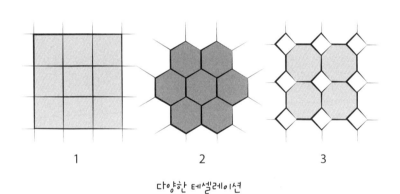

| 1 | 2 | 3 |

다양한 테셀레이션

3번 예시는 얼핏 보면 마치 정사각형으로 구성한 테셀레이션처럼 보인다. 정사각형의 '꼭짓점 부분을 깨트려서' 그 자리에 더 작은 크기의 정사각형을 비스듬하게 끼워 넣은 것처럼 말이다.

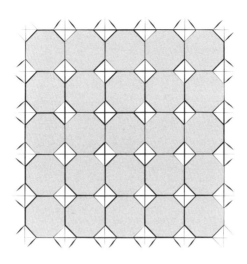

정사각형을 기본으로 하는 테셀레이션을 팔각형과
정사각형이 조합된 형태의 테셀레이션과 중첩한 것.
놀라울 정도로 유사하다!

　반대로, 육각형을 이용한 '벌집 모양'의 2번 예시는 나머지 두 개와
전혀 닮지 않았다. 서로 다른 물체들 중에 더 닮은 것과 그렇지 않은
것…… 수학자의 피가 끓어오르기 시작한다. 이 테셀레이션들을 (합리
적으로) 분류할 방법을 찾아야만 한다! 왜 어떤 것들은 다른 것들에 비
해 서로 비슷해 보이는지 단순하고 명쾌하게 설명할 수 있도록 분류하
고, 새로운 테셀레이션을 어떤 한 계열로, 혹은 다른 계열로 바로 분류
할 수 있도록 하는 것이 우리의 목표다. 테셀레이션은 곳곳에서 발견되
기 때문이다. 눈을 들어 보라! 거리와 미술관, 예술 서적, 오래된 건물 혹
은 새 건물, 벽지 등 당신이 어디에 있든 테셀레이션이 없는 곳이 없다!

여러분만의 테셀레이션을 구성해보세요

주방에 있는 것보다 더 다양한 모양과 색으로 아름다운 테셀레이션을 직접 구성해보세요!

예를 들어 직선으로 된 곳을 물결 모양으로 바꿔주면 어떤 '고전적인' 테셀레이션이든지 그 형태를 변형할 수 있습니다.

변형된 정사각형 및 삼각형······
그래도 여전히 테셀레이션을 구성할 수 있다.

또한 '봉투 기법'이라는 것도 있습니다.

1. 똑같은 모양과 크기의 직사각형 종이 두 장을 겹쳐서 네 변을 모두 테이프로 붙여줍니다(혹은 기법 이름에 나오는 것처럼 닫힌 봉투를 이용해도 됩니다).
2. 두 면 중 한 면 아무 곳에나 한 점을 찍고, 이 점과 직사각형의 꼭짓점들을 연결하는 선을 그립니다. 이 선은 언제든지 하나의 면에서 다른 면으로 넘어가도 되지만, 선끼리 교차해서는 안 됩니다.

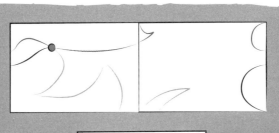

점과 봉투의 네 꼭짓점이 뒷면을 지나는
네 개의 선으로 연결됨 (좌: 앞면, 우: 뒷면)

3. 이제 이 선을 따라 잘라준 후 (두 면을 한꺼번에 자르지 않도록 조
   심하세요!) 전체를 펼칩니다.

같은 모양을 여러 번 반복해서 만들고 나면 그걸로 테셀레이션을 구성
할 수 있습니다! 어떻게 이것이 가능한지 직접 생각해보세요.

'봉투'를 잘라서 얻은 모양

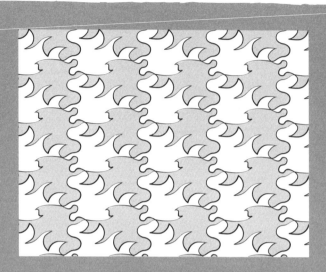

이 모양으로 구성한 테셀레이션

이 기법은 반정사각형(대각선을 따라 자른 것) 모양, 정삼각형 모양, 혹은 그 절반(높이를 따라 자른 것) 모양의 '봉투'를 이용해도 똑같이 적용됩니다.

테셀레이션 분류하기

무한히 많은 종류의 테셀레이션을 분류하기 위해 수학자들은 그 '대칭성'을 살펴볼 것을 제안했다. 대체 그게 무슨 뜻일까? 한 걸음 한 걸음 천천히 알아보자. 수학자에게(그리고 대부분의 과학자에게) 대칭성이란, 단순히 대칭축이 있거나 사물의 모습이 거울에 그대로 비치는 것만을 말하는 것은 아니다. 사실 사물은 일종의 규칙성만 갖추고 있다면 대칭성을 갖추고 있다고 말할 수 있다. 반대로, 비정상성은 '대칭성의 깨짐'이 될 것이다. 예를 들어 정사각형은 대칭축이 있기 때문에 대칭성이 있다고 할 수도 있지만, '4차 대칭중심'이라 불리는 중심점이 있기 때문에 대칭성이 있다고 얘기할 수도 있다.

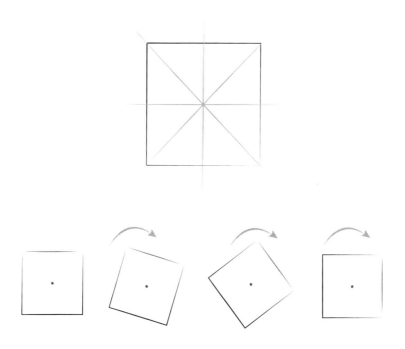

정사각형은 중심점을 기준으로 4분의 1회전하더라도 회전하기 전과 상황에 차이가 없다(그림에서는 한 변만 채색되어 있기 때문에 차이가 보인다). 달리 말하면, 완전히 1회전하는 동안 네 차례에 걸쳐 같은 상황에 있게 된다는 것이다. 정육각형은 6분의 1회전할 때마다 처음과 같아지므로 6차 대칭중심을 가지고 있고, 정팔각형은 8차 대칭중심을 가지고 있다. 그런데 이것이 테셀레이션과 무슨 상관이 있는 걸까? 이 대칭성은 테셀레이션을 분류할 때 이상적인 기준이 된다.

타일 무늬가 모든 방향으로 무한히 이어진다고 상상하며 가능한 모든 대칭을 찾아보자. 예를 들어 정사각형으로 구성된 테셀레이션을 팔각형과 정사각형이 혼합된 테셀레이션과 비교하는 것이다.

우선, 각 정사각형 중심에서 각 정팔각형의 중심과 마찬가지로 4차 대칭중심을 찾을 수 있다.

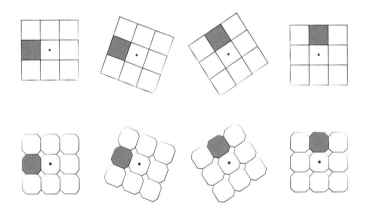

정사각형으로 구성된 테셀레이션은 한 정사각형 안의 대칭 중심점을 중심으로 4분의 1 회전했을 때, 회전하지 않은 상태와 차이가 없다 (그림 속의 보라색 정사각형은 그저 회전 움직임을 관찰하기 위한 것일 뿐이다). 팔각형을 이용한 테셀레이션도 마찬가지다.

각 정사각형의 꼭짓점에서도, 팔각형과 정사각형으로 구성된 테셀레이션의 각 정사각형 중심점과 마찬가지로 4차 대칭중심을 찾을 수 있다!

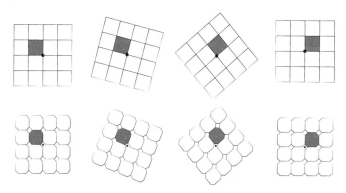

같은 방식으로, 정사각형으로 구성된 테셀레이션을 한 정사각형의 꼭짓점을 중심으로 4분의 1회전하거나, 팔각형과 정사각형으로 구성된 테셀레이션을 한 정사각형의 중심점을 기준으로 4분의 1회전해도 회전하기 전과 차이가 없다.

정사각형으로 구성된 테셀레이션에서 정사각형의 각 변 가운데 지점에서는, 팔각형과 정사각형으로 구성된 테셀레이션의 팔각형 각 변 중 정사각형과 접하지 않은 변의 중심점과 마찬가지로 2차 대칭중심을 찾을 수 있다.

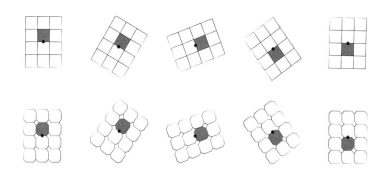

대칭축을 찾아보면, 이와 같은 방법으로 두 개의 테셀레이션에서 정확히 같은 결과를 얻을 것이다! 요컨대 두 테셀레이션은 완전히 동일한 대칭성을 갖고 있으므로 '같은 종류'로 분류할 수 있다는 것이다.

반대로 육각형으로 구성된 테셀레이션은 4차 대칭중심이 없는 아주 다른 대칭성을 갖고 있다. 따라서 이 테셀레이션은 같은 '계열'이 아니다.

이러한 기준을 이용하면 효율적으로 분류할 수 있다. '정상적인' 테셀레이션이라면(즉 아무렇게나 깨진 조각으로 구성된 테셀레이션을 제외한 나머지 타일 무늬 전체) 어떤 것이든지 이 분류법에 따라 전체 17가지 계열 중 하나에 속한다. 더도 덜도 아닌 17개 계열이다! 이는 수학자이자 결정학자인 예브그라프 페도로프가 1891년에 발견했다.

아하!

스페인 그라나다에 있는 알람브라는 매우 아름답고 유명한 궁전이다. 그 궁전에서 가장 중요한 부분은 13세기에서 14세기에 아라비아인들이 건축했다. 주로 테셀레이션과 기하학적인 무늬, 섬세하게 표현한 얽힘 무늬 등으로 장식하여 수학을 좋아하는 사람이라면 그 누구도 몇날며칠이고 자리를 뜨지 못할 것이다. 실제로도 그런 사람들이 있었다! 이들은 수학자들이 끼어들기 전에 이미 완성한 알람브라 궁전에 있는 모든 테셀레이션의 목록을 만들었다.

그 결과 놀라운 사실이 밝혀졌다. 즉 알람브라에서 17개 테셀레이션 계열을 모두 발견한 것이다! 예술가들은 건축 당시 그저 아름다우면서도 새롭고, 이웃하고 있는 무늬와 다른 무늬를 찾고자 노력한 것뿐인데 결과는 놀랍게도 이론적으로 가능한 모든 종류의 테셀레이션을 찾아낸 것이다.

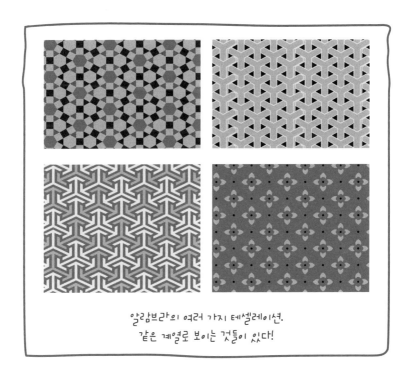

알람브라의 여러 가지 테셀레이션.
같은 계열로 보이는 것들이 있다!

먹을 걸로 장난치는 것 아니라고요?

수학자들은 모양에, 그것도 모든 모양에 관심이 많다. 규칙적인 모양, 쇠 시리 모양, 비슷한 모양, 서로 다른 모양 등은 분류하고, 정리하고, 최대 한 잘 기술해야 할 대상이다.

양배추에서 태어난 수학

멋진 로마네스크 브로콜리를 본 적이 있는가? 꽃양배추나 고사리류가 그렇듯이, 로마네스크 브로콜리에서 가장 먼저 눈에 들어오는 것은 톱

니처럼 잘게 오린 듯한 겉모습이다.

더 정확히 말하자면, 일부 작은 조각이 전체의 모습과 똑 닮았다는 것이다. 자연에는 이렇게 매우 불규칙하게 생긴 모양이(토마토의 매끄러운 모습과 비교해보라!) 흔하며, 수학자들은 그 모양에서 그것과 가장 닮은 '프랙털'을 떠올린다.

진짜 고사리와 수학 프랙털을 구분할 수 있는가?

수학 프랙털과 일상 속에서 이를 떠올리는 무늬들 사이의 차이점은 바로 수학에서는 프랙털의 작은 조각을 그 전체와 똑같이 불규칙하다고 본다는 것이다. 다시 말해 프랙털의 한 부분, 그리고 그 부분의 부분은 여전히 복잡하고, 처음 시작할 때의 원형을 그대로 가지고 있다는 것이다. 하지만 진짜 로마네스크 브로콜리는 계속해서 조각을 내다보면 곧 형체가 없는 작은 부스러기만 남을 것이다!

프랙털이 처음 등장했을 때 수학자들은 대혼란에 빠졌다. 왜냐하면 수학자들은 모든 기하학적인 사물은 거의 '매끈'하다고 여겼기 때문이

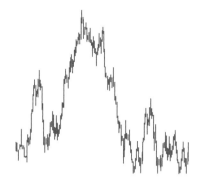

가장 '단순'하면서도 오래된 프랙털 중 하나. 부드러운 능선과는 거리가 멀다.

다. 예를 들어 오렌지 껍질을 아주 조금만 벗겨 보자. 오렌지에서 떨어져 나온 아주 작은 껍질 조각에서는 더 이상 오렌지의 둥근 모양을 거의, 혹은 전혀 찾아볼 수 없으며 오히려 평평해 보일 것이다. 반대로 껍질을 크게 도려내면 그 껍질조각이 평평하지 않음을 관찰할 수 있다. 벗겨낸 껍질 조각을 찢지 않고서는 평평하게 펼 수조차 없을 것이다. 마찬가지로 우리는 일상 속에서 둥근 지구를 (산과 같은 요철 지형을 제외하면) 평평하게 본다. 우리 눈으로는 전체 지구 형태의 아주 작은 일부분밖에 보지 못하기 때문이다. 즉 책의 모서리 부분이나 가위의 뾰족한 부분은 '각진' 부분, 혹은 '꼭짓점'이 발견되는 곳을 제외하고는 형태, 특히 수학적 형태는 마치 언덕의 능선과 같이 부드러운 곡선이거나 면에 가까운 '합리적인' 형태라고 생각해왔다. 하지만 19세기 말에 아직 프랙털이라는 이름을 붙이기도 전에 첫 프랙털이 발견되었다. 마치 가시가 난 듯 뾰족한 부분과 움푹 파인 부분으로 이루어진, 전혀 매끄럽지 않은 산과 같은 종류 말이다.

아직 '프랙털'이라는 이름이 생기기도 전에 첫 프랙털을 소개하자 위대한 수학자 샤를 에르미트는 너무 놀라 이렇게 적었다.
"나는 두려움과 공포를 느끼며 이 끔찍한 골칫거리를 외면해버렸다."

그러나 프랙털은 수학자들의 공식 연구 분야로 점차 자리 잡았다. 양배추뿐만 아니라 주식 시세, 허파, 브르타뉴 지방의 바닷가 모양을 묘사할 때도 프랙털이 아주 유용하게 쓰일 수 있음을 깨달았기 때문이다. 톱니 모양으로 잘게 오리거나 접은 듯한, 혹은 쇠시리 모양으로 된 것 등을 떠올려보면 우리 주변에 가득한 그런 갖가지 사물을 묘사하는 데 말이다. 그리고 나중에는 점점 더 고성능 컴퓨터를 개발하면서 프랙털을 점차 더 잘 이해하게 되었다. 과거에는 마치 '괴물'처럼 보였던 것이 이제는 수학이 가진 아름다움을 모두에게 뽐내는 스타가 된 것이다!

두 개의 차원 사이에서

어떤 사물의 길이를 3배로 늘려 확대한다고 생각해보자. 예를 들어 정육면체를 3배로 늘리면 표면적은 9배(3^2)가 되고 부피는 27배(3^3)가 된다는 것을 쉽게 알 수 있다.

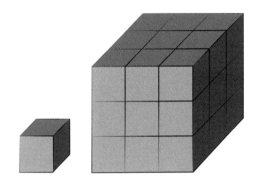

확대한 정육면체: 각 모서리의 길이는 3배가 되었고,
표면적은 9배(한 면당 9개의 사각형이 보임), 부피는 27배가
(큰 정육면체 안에 작은 정육면체가 27개 있음) 되었다.

길이를 2배로 늘리면 표면적은 4배(2^2)가 될 것이고 부피는 8배(2^3)가 될 것이다. 어떤 부피에 관해서든, 확대나 축소의 배율이 얼마든 마찬가지다. 모든 모서리의 길이를 k배 늘린다면, 표면적은 k의 제곱 배, 부피는 k의 세제곱 배가 될 것이다.

이제 가장 유명한 프랙털 중 하나인 '코흐 눈송이' 조각을 확대하면 어떻게 되는지 보자.

코흐 눈송이를 만들려면 우선 한 선분을 3등분해서 가운데 조각을 없애고 그 부분을 같은 길이의 선분 두 개로 산 모양을 만들어 채운다.

이렇게 만든 4개의 선분 각각에 같은 작업을 반복하고, 또 반복하고, 또 반복하는 식으로 끝없이 반복한다. 이렇게 해서 얻은 곡선은 아주 자잘한 쇠시리 장식을 반복한 듯 마치 눈송이가 연상된다.

첫 번째 조각(회색 부분)을 세 배 확대하면, 전체 모양과 완전히 일치하는 모양을 얻을 수 있다.

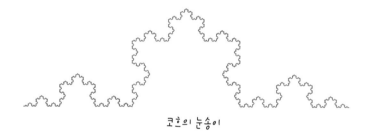

코흐의 눈송이

따라서 이것은 부분을 세 배 확대한 것이므로 길이로 따졌을 때 작은 조각이 세 번 들어가는 길이가 나와야 할 것이다. 하지만 따져보면……네 번이다! 그렇다고 이것을 2차원이라고 하기에는 네 번이라는 숫자는 충분치 않다. 2차원이었다면 작은 조각이 아홉 번 들어가야 하니까 말이다. 그러므로 유일한 결론은 프랙털이 대부분 그렇듯이 이 곡선은

1차원도 아니고, 그렇다고 2차원도 아니며 그 두 차원 사이 어디쯤이라는 것이다. 선이라고 하기에는 그 이상이지만 면이라고 하기에는 조금 모자란다.

위대한 발견

불분명한 정의……

1974년 브누아 망델브로는 자신의 책에서 처음으로 '프랙털'이라는 단어를 사용했다. 대중은 그 후에 프랙털이라는 단어를 듣기 시작했고 수학자들도 그 후에야 프랙털의 정확한 정의를 논구하기 시작했다.

어떤 수학자들에게 프랙털이란 '자기유사성'을 가진 것으로, 가까이에서 보든 멀리에서 보든 같은 모양으로 보이는 것이다. 꽃양배추가 그예다.

다른 수학자들에게 프랙털이란 확대해서 보아도 계속 '복잡해' 보이는 것이다. 아무리 확대해서 보아도 결코 '매끈해' 보이지 않는다. 그러나 관찰하는 층위에 따라 발견되는 형태는 똑같지 않을 수도 있다. 브르타뉴 해안 지형이 바로 그 예다. 계속해서 새로운 만과 곶의 형태가 나타나지만 브르타뉴 바닷가 전체 형태와 완전히 똑같은 모양의 지형은 없다.

또 다른 수학자들에게 프랙털이란 '두 개의 차원 사이에 있는 것', 즉 그 차원이 정수로 표현되지 않는 것이다. 코흐의 눈송이나 사방으로 회전하고 있어서 거의 한 면을 채우고 있는 것처럼 보이는 선, 그리고 면적이라기보다는 부피를 갖는 것처럼 보이는 구겨진 종이처럼 말이다.

그렇다면 매끈한 과일이나 채소는?

걱정할 것 없다. 수학자들은 매끈한 과일이나 채소에서도 흥미로운 사실을 발견한다. 그것도 잘라서 말이다. 토마토를 예로 들어보자. 어떤 방식으로 자르든 자른 단면은 항상 (거의) 원형에 가깝다. 반면 오이나 당근은 약간 비스듬히 자르면 재미있는 모양이 나온다. 그것은 바로 프랙털보다 훨씬 옛날에 발견한 수학의 또 다른 스타인 타원형이다! 타원은 어디에나 존재한다. 원, 예를 들어 주방에서 흔히 볼 수 있는 각종 볼이나 찻잔, 접시와 같은 원형 물체를 비스듬히 바라보기만 하면 된다. 그리고 타원은 적절한 위치에서 바라보면 마치 원처럼 보일 것이다. 예를 들어 오이를 그 축의 방향에서 바라본다면, 오이의 잘린 단면은 항상 원형으로만 보이기 때문에 비스듬히 잘렸는지, 똑바로 잘렸는지 알 길이 없다! 이 유명한 타원은 또한 아무 원뿔이나 잘라도 얻을 수 있다. 그래서 손전등으로 바닥을 비추면 타원형이 보이는 것이다. 마치 빛의 원뿔을 비스듬히 바라보는 것과 같기 때문이다. 손전등의 위치에 따라 타원이 '열려서' 더 이상 닫힌 타원이 되지 못하고 무한히 퍼져 나가는 순간이 온다. 그때 얻는 곡선은 '포물선'이거나 혹은 '쌍곡선'의 한 부분이다.

타원 그리기

타원 그리기는 아주 간단합니다. 압정 두 개와 판지, 끈, 연필만 있으면 됩니다. 판지 위에 압정 두 개를 박되, 가장자리에서 너무 가깝지 않게 박습니다. 끈을 두 개의 압정 주위로 둘러 지나가게 한 뒤 매듭을 지어 묶어줍니다. 이때 두 개의 압정 주변을 한 바퀴 두르는 데 필요한 길이보다는 약간 더 길게 여유를 남겨둡니다. 이제 연필로 끈을 팽팽히 잡아당기면서 두 압정 주변을 한 바퀴 돌려 그립니다.

자, 멋진 타원이 완성되었죠!

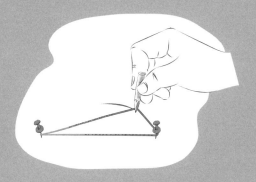

간단 정리

타원은 결국 두 압정까지의 거리의 합이 같은 점으로 이루어진 것입니다. 만약 두 압정이 같은 위치에 있다면 그때 만들어지는 모양은 우리가 아주 잘 알고 있는 형태인 원이 됩니다.

당신은 볼과 머그잔, 냄비 중에서 어떤 타입을 좋아하나요

수학자는 아침 식사 때마다 아주 곤란한 선택을 해야 한다. 머그잔과 볼 중에서 어떤 것을 선택할 것인가? 둘 사이에는 본질적인 차이가 있다. 볼은 구멍이 없으므로 바람 빠진 풍선 같다. 손잡이가 있는 머그잔은 풍선이 아니라 바람 빠진 튜브 같다. 그렇지 않고서야 손잡이의 그 구멍을 어떻게 만들겠는가? 그리고 손잡이가 두 개 달린 냄비는 또 다른 종류의 사물로서, 바람 빠진 '2인용 튜브'에서 얻을 수 있는 형태다. 그런가 하면 알자스로렌 지방에서 온 식전 과자인 브레첼은 또 다른 카테고리인 구멍이 세 개인 사물에 포함된다.

구멍 0개, 1개, 2개, 3개
당신의 집에 있는 사물들은 몇 개의 구멍이 있는가?

사물을 볼 때 그 사물의 구멍 개수를 기준으로 하는 이 특이한 방식은 약 100년 전에 나타난 위상수학의 특징이다. 여기서도 사물을 분류해 같은 계열에 속하는 사물들의 공통점을 찾을 수 있다. 이것이 바로 수학자들이 늘 하는 일이다.

예를 들어 삼각형은 모두 세 변이 있기 때문에 하나의 그룹으로 분류하지만 그 형태는 매우 다양하다. 그렇지만 내각의 합이 항상 180도라는 특정 성질을 공유한다. 마찬가지로, 어떤 특정 성질은 같은 개수의 구멍이 있는 모든 면에 대해 그 구체적인 모양과 상관없이 항상 참이다. 그 예로 가장 잘 알려진 것은 지도에 색칠하기다. 상상할 수 있는 가능한 모든 지도를 '올바르게' 색칠하려면 몇 가지의 색이 필요한지 알아보는 것이다. 여기서 '올바르게'란 같은 경계를 공유하며 맞닿은 서로 다른 두 지역에 같은 색을 칠해서는 안 된다는 뜻이다. 그 해답은 지도를 그리려는 행성에 몇 개의 구멍이 있는 형태인지에 따라 다르다. 구멍이 없는 공이나 볼과 같은 면 위에 그린 지도라면 어떤 지도든지 언제나 네 가지 색만으로 충분하다(이는 평면 위에 그린 지도도 마찬가지다. 평면 지도에도 구멍은 없으니까!). 그렇지만 튜브 위에 그린 지도에 막히지 않고 색칠을 하려면 일곱 가지 색이 있어야 한다.

이 지도는 네 가지 색만으로
칠할 수 있다.

튜브 형태의 행성이라면, 일곱 가지 색이 있어야 막힘없이 칠할 수 있다
(튜브 형태로 닫히고 나면 일곱 개의 구역이 각각 여섯 개 다른 구역과 접한다).

푸앵카레의 추측: 100년의 기다림……

위상수학에서 아주 중요한 문제의 해답이 거의 100년을 기다린 끝에 2003년 러시아 수학자 그리고리 페렐만이 밝혔다. 바로 푸앵카레의 추측(추측이란 절대적으로 확신할 수는 없으나 참이라고 생각하는 것을 가리킴)이다. 이리저리 아무렇게나 비틀려 있는 한 면을 생각해보자. 이 면에 구멍이 있는지 없는지를 알아보는 방법은 최소 두 가지다.

1. 그 안에 바람을 불어넣었을 때 구형에 가까운지 튜브형에 가까운지를 본다. (그렇다. 수학적으로 우리는 어떤 면의 내부에 '바람을 불어넣을 수' 있다. 때로는 쉽지 않을지라도 말이다!)
2. 끈으로 매듭을 지어 물체를 둘러매었을 때 그 매듭을 풀어야만 끈이 제거되도록 할 수 있는지를 본다. 실제로 튜브형 물체는 그렇게 하는 것이 가능하지만(끈을 튜브 구멍 안으로 통과하여 묶으면 된다) 공처럼 생긴 물체는 아무리 그 형태가 일그러져 있다 해도 절대 불가능하다(어떤 경우든지 매듭을 풀지 않고도 끈을 제거할 수 있다).

문제는 이 두 가지 테스트가 상상할 수 있는 모든 면을 분류하기에 충분한가 하는 것이다. 위의 결과는 자명해 보이지만, 예를 들어 프랙털과 같이 일그러진 물체를 생각하면 전혀 그렇지 않다.

게다가 앙리 푸앵카레가 1904년에 생각한 추측은 3차원 이상의 물체에도 해당되는 것이다! 그리고리 페렐만은 이 문제를 풀고자 했던 많은 시도를 다시 살펴보며 전체 문제에 대해 다음과 같은 결론을 내리기에 이른다. '프랙털 같은 '괴물'만 제외하면 위의 두 테스트는 모든 대상에 대해 같은 결과를 내놓는다.'

100만 달러는 누구의 품으로……

100년 전부터 수학자들의 고민거리였던 문제(푸앵카레의 추측)를 풀어낸 그리고리 페렐만은 상금 100만 달러를 포함하여 모든 보상을 거부했다! 그는 그 이전에 해당 문제를 풀기 위해 노력한 사람도 그와 마찬가지로 문제 해결에 기여했기에 그들도 그와 같은 영예를 누릴 자격이 있다며 거부 이유를 설명했다.

왜 비눗방울은 둥글까?

이제 수학자들과 물리학자들이 특히 좋아하는 분야로 들어가자. 바로 비눗방울 막이다. 비눗방울이 왜 구형인지 생각해본 적이 있는가? 이것의 물리적 성질을 간략히 생각해보자. 비눗방울은 아주 팽팽한 표면 내부에 공기가 갇혀 있는 것이다. 이 현상은 풍선 불기와 비교할 수 있다. 가만히 내버려두면 풍선의 크기는 아주 작지만, 그 안에 바람을 불어넣으면 풍선의 자연스러운 형태에 반하면서 고무가 늘어난다. 그러면 자연스럽게 장력이 모든 곳에 비슷하게 작용될 수 있으면서도 최소화되는 쪽으로 형태를 취한다.

부푼 풍선의 형태가 거의 구형에 가깝다는 것을 눈여겨보자. 완벽한 구형이 안 되는 이유는 풍선의 입구 쪽이 다른 곳보다 더 두껍기 때문이다.

상황을 온전히 수학적인 관점에서 정리해보자. 비눗물이 주어진 만큼의 공기를 감싸며 최대한으로 팽팽하게 당겨져 있다. 비눗방울이 자연스럽게 띨 형태를 알아내려면 다음과 같은 수학문제를 풀기만 하면 된다. 한 부피를 감싸고 있는 면의 면적이 최소가 되도록 하는 형태를 찾는 것이다. 이미 알아차렸겠지만, 이 문제의 정답은 바로 우리가 관찰할 수 있는 그 형태, 구다. 비눗방울의 크기가 커져서 더이상 구형을 띠지 못하는 경우는 물리학자들의 소관이라고 할 수 있는데 상황이 좀 더 복잡해졌다는 것을 의미한다!

직접 해보세요!

극소곡면 만들기

이러한 비눗방울 막의 성질(항상 팽팽한)을 활용하면 '극소곡면', 즉 주어진 윤곽선을 잇는 가장 작은 면을 찾을 수 있습니다.

철사나 전선을 이용해 두 개의 원을 만듭니다. 둘을 이어 붙인 뒤 비눗물에 담급니다. 꺼내서 천천히 둘을 떨어뜨리면 그 사이로 가운데 부분이 홀쭉하게 들어간 원기둥 모양(현수면, catenoid)의 비눗방울 막이 만들어집니다. 그게 바로 두 원 사이에 만들어지는 가장 작은 면입니다.

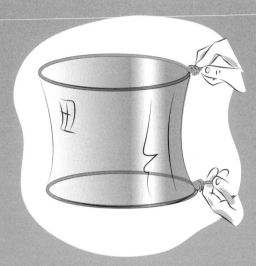

계속해서 두 개의 원을 서로 멀어지게 하다 보면 현수면은 갑자기 사라지고 두 개의 원판만 남을 것입니다. 두 원판 면적의 합이 현수면의 면적보다 작은 것이지요.

정육면체나 나선 모양, 혹은 테니스공의 곡선 모양 등 철사로 만든 형태라면 어떤 것으로든 이 실험을 할 수 있습니다. 형성되는 비눗방울 막은 대부분 철사 테두리를 잇는 면 중에서 그 면적이 가장 작은 모양에 가까울 것입니다.

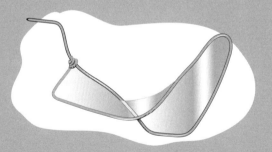

테니스공의 곡선 모양과 말안장 모양으로 형성된 면

이 '극소곡면'을 계산으로 찾아내는 것은 쉽지 않습니다. 실험으로도 우리가 원하는 만큼 잘 알아내기는(예를 들어 컴퓨터에서 극소곡면을 그리기 위해서라든가) 쉽지 않지만, 그래도 그 형태가 어떻게 될지 아이디어를 얻을 수는 있고, 이는 큰 도움이 됩니다.

한 가지 확실한 것은 극소곡면은 결코 '혹'의 형태를 띠지 않는다는 것입니다. 왜냐하면 그 혹을 잘랐을 때 얻는 면의 면적이 혹의 면적보다 더 작기 때문이지요. 따라서 극소곡면은 항상 칩 같은 평평한 모양으로 된 부분이나 말안장 같은 모양으로 된 부분으로만 구성됩니다. 말안장 모양의 면은 한 방향으로는 올라가고(말안장에서 말의 머리와 꼬리를 잇는 축 방향을 생각해보세요) 다른 방향으로는 내려가게(말안장에 올라탄 사람의 왼다리와 오른다리를 잇는 축의 방향) 됩니다. 바로 수학에서 '안장점'이라고 부르는 것이지요.

2
소파에서 즐기는 수학

게임을 할 때나 컴퓨터로 작업을 할 때, 혹은 설문조사 결과를 볼 때 당신은 당신도 모르는 새 수학의 중요한 결과들을 마주하게 된다.

게임에서 수학까지

무엇이든 진지한 수학자의 관심을 끌 수 있다. 모든 게임을 포함해서 말이다! 모든 수학자가 게임을 좋아하는 건 아니지만 모든(혹은 거의 모든) 수학자가 게임의 원리를 이해하고, 이길 확률을 높이기 위해 (혹은 가능한 모든 운을 얻기 위해!) 어떻게 해야 할지 이해하는 것은 좋아한다. 순수 우연성 게임인 내기 게임부터 퍼즐 게임에 이르기까지 모든 것, 정말모든 것이 흥미롭지 않을 수 없다!

내기 게임

카드 게임인 블로트(Belote)부터 포커, 루도(Ludo), 주사위 게임 야찌(Yahtzee)에 이르기까지 아주 많은 수의 게임이 우연성을 기반으로 한다. 이 게임들에서 항상 이기는 방법은 없지만(그런 것이 있다면 우연성 게임이 아닐 것이다) 정확하게 따져보면 이길 수 있는 확률을 높이는 것은 대부분 가능하다.

예를 들어 주사위 놀이를 할 때 두 주사위 값의 합(2에서 12까지)이 모든 경우에 대해 비슷한 빈도로 나오지 않는다는 것은 아마 이미 눈치챘을 것이다. 당연하다. 두 주사위에 속임수가 없다면, 각각의 주사위는 모두 어떤 면으로든지 동일한 확률로 떨어진다.

따라서 두 주사위 값의 모든 조합에 대해 각각의 조합이 나올 확률은 동일하다. 하지만 1과 3, 2와 2, 3과 1처럼 어떤 조합은 그 합의 결과 값이 같다. 그리고 2와 12 사이의 모든 결과 값 중에서 특정 결과를 얻을 수 있는 방법의 수는 각각의 결과 값에 대해 전혀 같지 않다. 예를 들어 결과 값 2를 얻는 조합은 한 가지 방법(두 주사위가 모두 1로 떨어짐)밖에 없지만, 7을 얻는 방법은 여섯 가지(1과 6, 2와 5, 3과 4, 4와 3, 5와 2, 6과 1)나 있다!

주사위 1 / 주사위 2	1	2	3	4	5	6
1	2	3	4	5	6	7
2	3	4	5	6	7	8
3	4	5	6	7	8	9
4	5	6	7	8	9	10
5	6	7	8	9	10	11
6	7	8	9	10	11	12

이런 작은 관찰만으로 게임에서 이길 수 있는 것은 아니지만, 적어도 머리를 써서 깊이 생각할 가치가 있다는 것을 알 수 있다.

예를 들어 수학자 에드워드 소프는 1960년대 카지노에서 가장 유명한 카드 게임 중 하나인 블랙잭에서 평균적으로 두 번 중 한 번 이상 이길 수 있는 방법을 찾아냈다. 그는 간단한 방법으로 큰돈을 벌어들이다가 결국 전 세계 게임장에서 입장을 거부당했다.

위대한 발견

슈발리에 드 메레의 수상한 내기

물리학자이자 신학자인 블레즈 파스칼은 우연성의 학문적 연구에도 큰 영향을 미쳤다. 그의 친구 중에 슈발리에 드 메레라는 그다지 존경할 만한 인물이 못되는 자가 있었는데, 이 사람은 선술집에서 조금씩 꼬아놓은 내기를 제안하며 돈을 벌고자 했다고 한다.

실제로 고전적인 '동전 던지기' 게임을 제안해서는 별로 이득 볼 것이 없다. 한쪽이 나올 확률이 다른 쪽이 나올 확률보다 더 높은 것이 아니므로 많은 횟수를 시행하면 결국 큰돈을 잃지도 않지만 따지도 못한다. 그래서 슈발리에 드 메레는 다음과 같은 내기를 제안했다.

"내가 주사위 네 개를 던지면 그중 적어도 하나는 6이 나올 것이다."

계산을 해보면 두 번 중 한 번보다 조금 더 자주 그렇게 됨을 알 수 있다. 따라서 오랫동안 시행하면 드 메레는 조금씩 돈을 벌 수 있는 것이다. 그러나 불행히도, 그는 때때로 자기 덫에 자기가 걸려 자신이 질 확률이 더 높은 내기를 제안하기도 했다.

그만큼 당시에는 이런 주제에 대해 생각할 방법이라고는 그저 잘 맞지 않는 허술한 추론이 전부였다는 얘기다. 게다가 일반적으로 따져보아도 훨씬 더 나은 것을 생각해내기란 쉬운 일이 아니었을 것이다. '우연'을 어떻게 '예측'할 수 있겠는가! 드 메레의 문제에 자극을 받은 그의 친구 파스칼은 이런 사건 혹은 저런 사건이 일어날 확률을 더욱 정확한 방법으로 생각하고 직접 계산할 수 있는 훌륭한 아이디어를 제시했다. 그로부터 전체 이론이 발전하여 오늘날 확률은 수학의 아주 중요한 한 부분을 차지하였고 이제는 어느 정도는 우연의 법칙을 알아내는 것이 가능하다는 것을 누구나 알고 있다.

직접 해보세요!

슈발리에 드 메레보다 더 효과적으로 속일 수 있는 주사위

여기 드 메레가 분명 탐냈을 만한 네 개의 주사위가 있습니다. 이 주사위를 만들려면, 첫 번째 주사위 면에는 2-2-2-2-6-6을 적고, 두 번째 주사위 면에는 3-3-3-3-3-3을, 세 번째에는 0-0-4-4-4-4를, 마지막 네 번째에는 1-1-1-5-5-5를 적으면 됩니다. 게임의 룰은 다음과 같습니다. 게임의 희생자가 될 상대방이 주사위 하나를 고르고 여러분이 남은 세 개의 주사위 중에서 하나를 고릅니다(이때 여러분이 나중에 선택해서 선택권이 적어지니 정정당당한 플레이어라고 강조해서 얘기해도 좋습니다). 이제 각자 자신이 고른 주사위를 던져서 더 높은 숫자가 나온 사람이 1점을 얻는 것입니다.

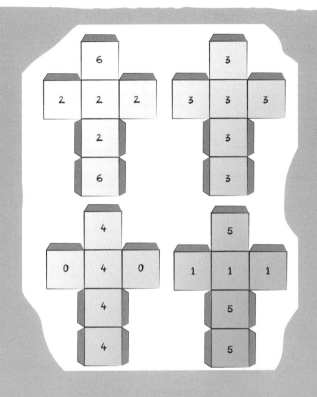

물론 우연성이 개입하는 만큼 모든 게임에서 이길 수 있는 방법을 찾아내는 것은 불가능합니다. 하지만 잘 생각해보세요. 상대방이 첫 번째 주사위를 고른다면, 여러분은 두 번째 주사위를 고르면 이길 확률이 더 높습니다. 상대방은 여섯 경우 중 네 경우에 2가 나올 텐데 여러분은 무조건 그보다 큰 3이 나올 테니까요. 상대방이 두 번째 주사위를 고른다고 해도 걱정할 것은 없습니다. 같은 논리를 반대로 활용해서 여러분이 세 번째 주사위를 고르면 여섯 경우 중 네 경우에 이길 것입니다. 상대방이 세 번째 주사위를 고르면 여러분은 네 번째 주사위를 고르면 됩니다. 왜일까요? 이번엔 조금 더 복잡한데요. 여러분이 던진 주사위가

5가 나올 확률은 두 번 중 한 번인데, 이 경우에 상대방의 주사위는 던 져볼 필요도 없습니다.

그런데 여러분의 주사위가 1이 나온다 해도, 상대방이 불행히도 0이 나 온다면 여전히 이길 수 있습니다! 그러니까 이번에도 두 번 중 한 번보 다 조금 높은 확률로 이길 수 있는 것이지요. 상대방이 네 번째 주사위 를 고른다면 꼼짝없이 졌다고 생각하나요? 지금까지 이야기한 것을 보 면 네 번째 주사위가 가장 힘센 주사위로 보일 수도 있겠지요. 하지만 그렇지 않습니다! 이 경우에 여러분은 첫 번째 주사위를 고르세요. 상대 방은 두 번 중 한 번의 확률로 1이 나올 텐데, 그러면 여러분이 이깁니 다. 상대방이 5가 나온다고 해도 여러분의 주사위가 6이 나올 수도 있으 므로 이길 확률이 있습니다. 그러니까 이 경우에도 여전히 이길 확률이 두 번 중 한 번보다 조금 더 높답니다!

계산하면, 상대방이 고른 주사위에 맞서는 주사위를 제대로 고른다면 이길 확률은 항상 세 번 중 두 번이 된다는 것을 알 수 있습니다. 많은 수의 시행을 거친다면 여러분이 잃을 돈의 두 배 정도를 벌게 된다는 것이죠!

우연성이 없는 게임은……

수학자의 흥미를 불러일으키는 또 다른 게임도 있다. 바로 두 명이 플레 이하면서 우연성이 개입되지 않는 게임이다. 체스와 체커, 커넥트포, 오 와레(Oware), 틱택토(Tic-Tac-Toe) 등이 이 범주에 해당한다.

이 모든 게임에 공통으로 적용되는 아주 중요한 정리가 있다. 바로 체 르멜로의 정렬정리(모든 집합은 정렬순서 구조, 즉 공집합이 아닌 모든 부 분집합이 최소 원소를 갖도록 하는 순서를 가질 수 있다—옮긴이). 이 정 리 때문에 이론적으로는 모든 게임을 완전히 재미없게 만들어버릴 방법이 있다고 말할 수 있게 되었다! 이 정리에 따르면, 두 플레이어가 절대 실수를 범하지 않는다면, 즉 두 플레이어가 항상 최선의 수만을 둔다면 게임의 결과는 시작하기도 전에 이미 결정나버린다!

이론적으로는 이런 종류의 모든 게임에 대해서 시작하는 플레이어가 이길지 아니면 그 상대방이 이길지(혹은 무승부로 끝날지)를 처음부터 알 수 있다. 즉 '승리전략'이 있다고 말할 수 있다.

어떻게 이런 일이 가능할까? 틱택토 게임에서 벌어질 수 있는 일을 생각해보자. 이 게임에서는 십자 표시 세 개나 동그라미 세 개를 작은 격자 안에 한 줄로 배열해야 한다.

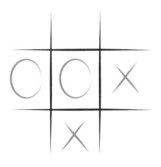

이 게임은 '작은' 크기이기 때문에(결과적으로 존재할 수 있는 서로 다른 게임의 수가 많지 않다), 조금만 연습하면 가능한 모든 배치와 이기는 수와 지는 수를 전부 외울 수 있다. 이에 익숙한 두 명의 플레이어가 게임을 한다면 언제나 승자 없이 끝나버린다(무승부가 있을 수 있기 때문이다). 앞에 언급한 더 '큰' 게임의 경우 가능한 모든 게임을 머릿속에 넣기에는 인간의 기억력은 충분치 않지만 현대의 컴퓨터는 회로에 훨씬 더 많은 양을 저장할 수 있다. 물론 그렇다고 해도 한계는 있다. 그렇다면 어떤 게임이든 있을 수 있는 모든 배치를 저장할 만큼 충분히 큰 메모리

(현실에서는 아직 존재하지 않는!)를 상상할 수 있을 것이다. 게임의 시작부터 이 슈퍼메모리는 예측 가능한 모든 끝의 목록을 가지고 있는 것이다. 단순하게 생각하기 위해 무승부가 없는 게임이라고 가정하자. 그러면 게임의 모든 끝마다 승자의 이름을 붙여 표기할 수 있다.

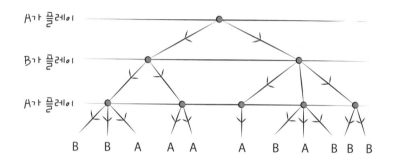

A와 B의 게임: 각각의 작은 원은 게임의 한 상황(체스나 체커에서 말의 특정 배치, 커넥트포 게임에서 빨간 말이나 노란 말의 배열 등)을 나타낸다. 플레이어(A와 B가 돌아가면서)가 선택해서 두는 수에 따라 다른 배치로, 즉 한 단계 아래로 넘어간다. 맨 아래는 게임의 끝이다. 어떤 게임에서는 A가 이기고, 또 다른 게임에서는 B가 이긴다.

이제 마지막 수를 둘 차례, 즉 마지막 단계에 있는 플레이어 A의 입장에서 생각하자. 그림에서 가장 오른쪽에 있는 경우처럼 둘 수 있는 모든 수의 결과가 B가 이기는 것이라면, A는 어떤 수를 두든지 지고 만다. 그러므로 해당 위치에 이미 B라고 이름을 붙일 수 있다. A가 무엇을 하든지 B가 이길 것이기 때문이다. 반대로 다른 위치에서는 A가 승리할 수 있는 수를 선택할 수 있다. 실수 없이 완벽하게 플레이한다고 가정했으므로, A는 이 중 어떤 위치에서든 이길 것이다. 따라서 게임의 결과가 이미 나온 것이나 마찬가지이므로 그 위치들에 A라고 이름 붙일 수 있다.

그 결과는 다음 그림과 같다.

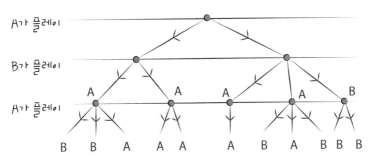

같은 논리를 그대로 반복 적용하면 한 단계 위의 위치에도 이름을 붙일 수 있다. 이번에는 B가 플레이할 차례인데, B 위치로 갈 수 있다면, 즉 자신이 승리하는 쪽으로 플레이할 수 있다면 그렇게 할 것이고, 그러면 그 자리에도 B라고 이름 붙일 수 있다. 만약 B가 어떻게 하더라도 A 위치로 가게 되는 자리가 있다면, 그것은 A가 확실히 이긴다는 것이므로 그 자리는 A라고 이름 붙인다.

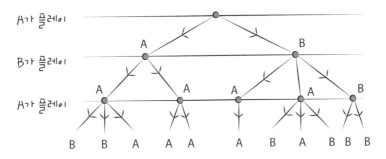

이렇게 계속 위로 올라가다보면 게임을 시작하기도 전에 게임의 첫 위치에 이름을 붙일 수 있다. 즉 두 플레이어가 실수 없이 플레이하면 누가 이길지 알 수 있다는 것이다. 이 경우에는 A가 이길 것이다.

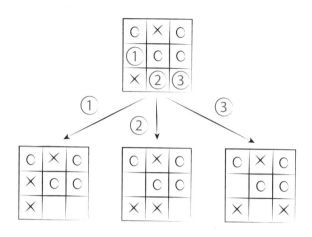

틱택토 게임으로 보는 구체적 예시

게임을 시작한 사람은 O이고, 이제 X가 둘 차례다. X가 둘 수 있는 곳은
세 곳이지만 그중 어디에 두더라도 O가 그다음에 이기는 수를 둘 수 있다.
따라서 이미 X가 지는 상황이고 O는 승리전략을 가지고 있다고 말할 수 있다.

그렇다면 체스는 아무 쓸데없는 것인가? 다행히도 그렇지는 않다!
현재 체스는 아직 지금의 컴퓨터에서도 너무 복잡하기 때문에 컴퓨터
라고 해서 절대 실수 없는 플레이를 하지는 못한다. 물론 이미 꽤 예전
부터 가장 뛰어난 인간 플레이어를 이기고 있기는 하지만 말이다. 더구
나 체커와 같은 다른 게임에 대해서는 오늘날 컴퓨터가 질 일은 결코
없을 것이라고 확언할 수 있다 하더라도 사람 대 사람으로 하는 게임은
여전히 재미있을 것이다! 물론 그렇게 되면 더 이상 수학의 영역은 아
니겠지만 말이다.

TV 게임쇼 '보야르 원정대'로 많이 알려진 '성냥개비 게임' 같은 몇
몇 단순한 게임은 큰 노력 없이도 이길 수 있는 승리전략을 쉽게 이해하
고 적용할 수 있다. 다음 안내를 따라해보라.

성냥개비 게임의 도사가 되는 법?

게임의 규칙을 떠올려 보지요. 정해진 수만큼 성냥을 줄지어 놓습니다. 각 플레이어가 돌아가면서 한 개, 두 개, 혹은 세 개의 성냥을 빼냅니다. 마지막 남은 성냥을 빼내는 사람이 지는 게임입니다.

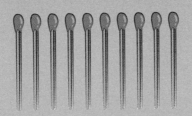

수학에서 대개 그러하듯이 이 게임에서 승리하는 방법을 이해하려면 가장 단순한 경우에서부터(여기서는 아주 적은 수의 성냥으로 하는 게임) 출발해서 조금씩 문제의 복잡성(우리의 예시에서는 성냥의 수)을 더해가는 방식으로 추론해 나가는 것이 좋습니다. 예를 들어 아주 단순하게 성냥 한 개로 게임을 시작한다면 이땐 첫 번째 플레이어가 집니다. 최소한 한 개의 성냥은 무조건 빼내야 하니까요.

플레이해야 하는 사람이 졌을 때 이를 '패배상황'이라고 한다.

반대로 두 개의 성냥개비로 게임을 시작한다면 첫 번째 플레이어는 성냥개비를 딱 한 개만 가져갈 것이므로 두 번째 플레이어는 지고 맙니다. 세 개나 네 개의 성냥개비로 시작하더라도 결과는 마찬가지입니다.

즉 첫 번째 플레이어가 두 개 혹은 세 개를 가져가기 때문에 상대방에게
는 성냥개비 하나만 남으므로 결국 지고 마는 것입니다.

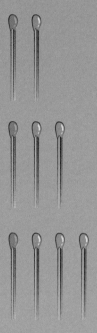

성냥개비가 두 개, 세 개, 혹은 네 개가 남아 있다면 상대방에게 한
개만 남겨주는 것이 어렵지 않고, 결국 이긴다. 이를 '승리상황'이라고 한다
(보라색이 첫 번째 플레이어가 가져가는 성냥개비).

이제 아주 재미있어지는데요. 다섯 개의 성냥개비로 게임을 시작하는
겁니다. 첫 번째 플레이어는 한 개, 두 개, 혹은 세 개의 성냥개비를 가져
가야 합니다. 즉 상대방에게 각각 4, 3, 혹은 2개의 성냥개비를 남겨준다
는 것이지요. 그런데 이 세 가지 상황에서는 모두 플레이할 차례인 사람
이 이기게 됩니다! 결국 첫 번째 플레이어는 성냥개비가 한 개밖에 남지

않은 상황과 마찬가지로 '패배상황'에 있는 것이지요.

상대방이 실수를 저지르지 않는 한 이때는 첫 번째 플레이하는 사람이 지게 되어 있습니다.

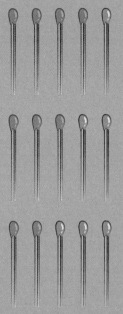

첫 번째 플레이어가 몇 개(보라색 성냥개비)를 가져가든 상대방이 '승리상황'에 있으므로 첫 번째 플레이어는 질 수밖에 없다! 다섯 개의 성냥개비는 '패배상황'이다.

성냥개비를 1개, 2개, 혹은 3개를 더하면, 즉 6개, 7개 혹은 8개의 성냥개비로 게임을 시작하면 첫 번째 플레이어는 상대방에게 성냥개비를 5개만 남겨주어 다시금 승리를 확신할 수 있습니다. 9개의 성냥으로 시작한다면, 첫 번째 플레이어는 상대방에게 6개, 7개, 혹은 8개의 성냥을 남겨주어야 하므로 지게 됩니다. 이 경우에는 두 번째로 플레이해야만 확실히 승리할 수 있는 것이지요. 10개, 11개, 12개의 성냥개비로 게임을 시작하면, 첫 번째 플레이어가 상대방에게 성냥개비를 아홉 개만 남기면 이길 수 있고, 13개의 성냥개비로 게임을 시작하면 두 번째 플레이어가 이기며, 이렇게 계속 반복합니다.

간단히 정리하면 초기 성냥개비의 개수가 1, 5, 9, 13, 17…… 이렇게 나가는 수열에 포함된 수라면, 즉 $4n+1$이라는 식으로 표현할 수 있는 수라면, 이는 첫 번째 플레이어에게 패배상황이고 그 밖에는 첫 번째 플레이어가 승리하는 상황입니다.

결국 이 게임은, 적어도 어떻게 돌아가는지 이해한 두 사람에게는 별로 의미 없는 게임이 되고 맙니다. 처음 시작할 때 성냥개비의 개수만 알면 첫 번째 플레이어가 이길지, 두 번째 플레이어가 이길지 알 수 있으니까요. 예를 들어 17($17=4×4+1$)개의 성냥개비를 가지고 시작하는 게임에서 두 번째 플레이어가 이기기 위한 전략은 아주 간단합니다. 상대방이 한 개를 가져가면 세 개를 가져가고, 두 개를 가져간다면 두 개를, 세 개를 가져가면 한 개를 가져가면 됩니다.

이렇게 두 플레이어가 한 번씩 플레이하고 나면 총 네 개의 성냥개비가 제거되면서 13개만 남고, 이어서 아홉 개, 다섯 개, 한 개만 남으면서 첫 번째 플레이어가 지는 겁니다! 결국 누가 이길 것인지는 누가 게임을 먼저 시작하느냐에 달린 것입니다. 그러느니 차라리 동전 던지기를 하는 편이 낫겠지요. 그건 빠르기라도 하니까요!

인간 대 기계

알고리즘 레시피

앞서 퍼즐 게임류는 간단한 승리전략을 찾아내거나 혹은 거대한 메모리를 가지고 있다면 완전히 재미없는 게임이 될 수도 있다는 것을 살펴보았다. 똑똑해 보이는 게임에서 우리 인간을 이길 수 있게 된 컴퓨터에는 좋은 소식이다. 사실 컴퓨터 자체만 보면 꽤나 멍청하다고 말하지 않을 수 없지만 말이다.

어쨌든 성냥개비 게임과 같이 아주 간단한 것이라도 어떤 승리전략을 따르려면 적어도 최소한의 사고는 할 수 있어야 한다. 그렇지 않은가? 도대체 어떻게 하면 일개 기계(컴퓨터도 잔디 깎는 기계나 토스터기와 마찬가지로 기계다)가 이런 똑똑한 일을 하는 것처럼 보일 수 있단 말인가? 이는 수학자들 때문이라고 할 수 있다. 바로 그 유명한 '알고리즘' 말이다. 알고리즘이란 일종의 레시피로서, 그저 단순하게 명령을 적용하여 복잡한 일을 이해하지 못한 채로도 해낼 수 있게 한다. 요리 레시피를 보고 따라하는 것과 똑같다. 결과물이 초콜릿케이크가 될지, 감자튀김이 될지 궁금해 할 필요도 없고, 이런저런 단계가 왜 필요한 것인지 이해할 필요도 없다. 그저 주어진 지침을 글자 그대로 따라가다 보면 음식이 완성되는 것이다!

손으로 곱셈을 하는 것도 알고리즘을 따르는 것이다. 왜 그 방법대로 하면 되는지 알 필요도 없는 데다 결과를 얻기까지 생각할 필요는 더더욱 없다. 그저 배운 대로 적용하기만 하면 된다. 오른쪽 아래의 숫자와 오른쪽 위의 숫자를 곱해서 나온 수의 일의 자리는 적고 십의 자리는 기억해놓는다.

오른쪽 아래의 숫자와 윗줄의 오른쪽에서 두 번째에 있는 숫자를 곱한 뒤 조금 전에 기억해둔 수를 더한다. 윗줄의 숫자에 이 과정을 모두 적용하고 나면, 아랫줄의 오른쪽에서 두 번째에 있는 숫자를 가지고 다시 시작한다.

'러시아 곱셈법' 같은 다른 알고리즘을 이용해도 같은 결과를 얻을 수 있다.

두 개의 열을 그린다. 곱해야 할 두 수 중에서 더 작은 수를 왼쪽 열 위에 적고, 더 큰 수는 오른쪽 열 위에 적는다. 더 작은 수를 2로 나누어서 그 결과를 아래에 적는다. 소수점 이하의 숫자는 적지 않는다. 반대쪽에 있는 수에는 2를 곱한다. 왼쪽 열에 1이 나올 때까지 계속 반복한다. 이제 왼쪽 열의 숫자가 짝수인 행에는 모두 줄을 그어 지운 다음, 오른쪽 열에 남아 있는 모든 숫자를 더한다.

```
37 | 45        37 | 45          37 | 45
               18 | 90          18 | 90
                                 9 | 180
                                 4 | 360
                                 2 | 720
                                 1 | 1440


               37 | 45          37 | 45
               18 ⊗ 90          18 ⊗ 90
                9 | 180          9 | 180
                4 ⊗ 360          4 ⊗ 360
                2 ⊗ 720          2 ⊗ 720
                1 | 1440          1 | 1440
                                     1665
```

이 규칙들을(둘 중에 어떤 알고리즘이든지) 끝까지 모두 적용하면, 원래는 계산하기 매우 복잡한 곱셈의 결과를 얻을 수 있다. 어떤 숫자든지 말이다. 단순한 작은 수행들이 쌓여서 재미있는 결과를 가져오는 것이다.

논리 게이트

이제 컴퓨터가 복잡해 보이는 일을 어떻게 하는지 상상할 수 있을 것이다. 정리하면, 컴퓨터가 할 줄 아는 것은 별로 많지 않다. 0과 1을 받아서 다시 0과 1을 내보내고, 이를 메모리에 넣고, 다시 회수하고…… 이런 것들인데 다만 이 과정을 매우 빠르게 할 뿐이다.

컴퓨터의 기초 단계에서는 일종의 작은 '상자'를 볼 수 있는데, 이 상자는 대부분 두 개의 숫자를 받아들이고(0 혹은 1, 컴퓨터는 이것밖에 모른다!) 그중 하나만 내보낸다. 우리는 이를 '논리 게이트'라고 부른다.

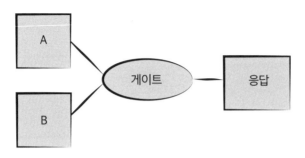

A와 B(0 혹은 1의 값을 가질 수 있음)라는 두 개의 입력을 받아서
하나의 응답(0 또는 1)을 출력하는 게이트

가장 잘 알려진 게이트는 'AND'와 'OR'이라 불리는 것이다. 이 명칭은 우리가 부여하는 논리적 의미에서 온 것으로, 0이 거짓, 1이 참을 의미할 때 'AND' 게이트는 A와 B의 두 입력 값이 모두 참일 때만 '참'이라고 응답하고 그 외에는 '거짓'이라고 응답하는데, 이는 당연하다. 'OR' 게이트는 일상어적인 의미에서 조금 멀어지는데, 두 입력 값 중에서 적어도 하나가 참이면 '참'이라고 응답한다.

일상어와 차이점은 바로 여기서 발생한다. 우리가 평소 '치즈 또는 디저트'라고 말할 때는 둘 중의 하나를 먹겠다는 뜻이지 둘 다 먹겠다는 의미가 아니기 때문이다.

이런 의미의 차이를 두고 수학자들이 즐겨하는 농담이 있다.

출산한 논리학자에게 물었다.

"딸이에요, 아들이에요(딸 or 아들)?"

그러자 그녀는 이렇게 대답했다.

"네(참), 물론이죠!"

논리 게이트의 작동을 시각적으로 표현하기 위해 자주 활용하는 방식인 표를 통해 다시 살펴보도록 하자. 각각 0 또는 1의 값을 가질 수 있는 A와 B라는 두 개의 입력이 있다. 가능한 상황은 다음과 같이 네 가지다. A와 B가 모두 0, A는 0이고 B는 1, A는 1이고 B는 0, A와 B가 모두 1일 때 각각의 입력 값에 대해 '출력' 열에 게이트의 응답을 표시한다.

'AND' 게이트

A	B	출력
0	0	0
0	1	0
1	0	0
1	1	1

'OR' 게이트

A	B	출력
0	0	0
0	1	1
1	0	1
1	1	1

또 다른 게이트를 더해보자. 입력 값으로 한 개의 숫자만을 취하는 조금 특별한 'NOT' 게이트다. 이름에서 알 수 있듯이, 이 게이트는 받

아들인 값을 항상 반대로 말한다!

이 게이트들은 기계적이거나 전기적인 방식을 물리적으로 조립하여 구현될 수 있다. 예를 들어 0은 전류가 흐르지 않는 상태이고, 1은 전류가 흐르는 상태에 해당한다고 하자. 자동적으로 작동하는 'AND' 게이트를 만들려면 한 회로에 두 개의 스위치를 연달아 놓기만 하면 된다. 둘 중의 하나가 열려 있는 한 전류는 흐르지 않고, 두 스위치가 전부 닫혀 있으면 전류가 흐른다.

'AND' 전기회로: A와 B가 닫혀 있으면
전류가 흐르므로 응답은 '1'이다. 두 스위치 중 하나라도 열려 있으면
전류가 흐르지 않으므로 응답은 '0'이다.

이런 게이트로 무엇을 할 수 있을까? 이제 곧 직접 확인할 수 있을 것이다. 이렇게 몇 개 되지 않는 요소만으로도 기계가 마치 생각하는 것처럼 보이게 할 수 있다는 것을……

다음의 도식을 따라 가보자.

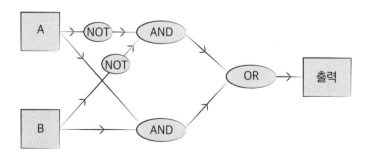

각 게이트의 출력 값으로 0 혹은 1이 나오면 또다시 새로운 게이트에 그 값이 입력되고 이렇게 최종 출력에 도달할 때까지 계속된다. A와 B에 주어진 값이 무엇이든(각각 0 혹은 1), 두 값이 같으면 최종 출력 값은 1이 되고, 두 값이 서로 다르면 0이 된다는 것을 확인할 수 있다.

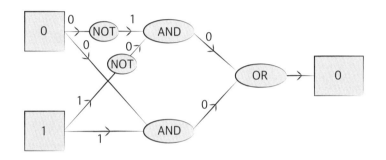

작동하고 있는 '기계'의 한 예시: A가 0이고 B가 1이면, 이 기계는 0이라 응답한다.

이와 같이 이 작은 기계로 두 개의 값을 비교해서 서로 같은 값인지 아닌지 알아낼 수 있다! 이 기계로 체스 게임에서 이기거나 음악 파일을 압축할 수는 없지만, 게이트들을 똑똑하게 조합해서 좀 더 큰 '상자'를 만들면 더 복잡한 일을 수행할 수 있고, 결국 컴퓨터가 영리한 것처럼 보일 수도 있다는 것이 증명되었다. 사실은 모든 일이 그저 자동적으로 이루어진 것뿐인데도 말이다!

최초의 컴퓨터는 언제 등장했을까?

정보공학의 역사를 살펴보면, 물론 세부적인 내용은 논의의 여지가 있지만, 최초의 컴퓨터는 제2차 세계대전 말 즈음에 만들어졌다는 데 대부분의 사람이 동의한다. 그런데 19세기 중반, 영국의 수학자이자 엔지니어인 찰스 배비지는 그 당시 개발되어 있던 기계식 계산기를 연구하다가 자동적인 방식으로 어떤 임무를 처리할 수 있다는 사실을 깨닫고 많은 수의 연산을 혼자 수행할 수 있는 기계를 생각한다. 그것이 바로 컴퓨터다!

당시의 주요 기술은 전기가 아닌 기계였다. 그래서 그는 셀 수 없이 많은 수의 톱니바퀴로 구성되어 핸들만 열심히 돌리면 매우 복잡한 계산도 할 수 있는 완전한 자동기계의 설계도를 만들었다. 게다가 최초의 프로그램(원하는 계산을 컴퓨터가 정확하게 수행할 수 있도록 컴퓨터에 입력할 명령들)을 작성한 수학자인 에이다 러브레이스의 도움까지 받았다. 그 프로그램은 문직기에 사용하는 카드에서 영감을 얻어, 천공카드의 형태로 만들었다. 하지만 아쉽게도 이 최초의 '컴퓨터'를 실제로 구현하지는 못했다. 이론적으로는 잘 작동했으나, 이를 구현하기 위한 기계장치가 너무 복잡하고 섬세하며 취약했기 때문에 실제로 구현하기까지는 막대한 시간이 필요했다. 게다가 완벽주의자인 배비지는 그 사이에 설계도를 개선하여 모든 것을 처음부터 다시시작하기를 원했다!

한참 뒤에 한 박물관이 세기를 앞서간 열정적이던 이 사람들에게 경의를 표하고자 했다. 배비지의 설계도를 하나하나 따라서 만든 기계가 2002년부터 런던 과학박물관에 전시되고 있다. 아주 잘 작동하는 기계식 컴퓨터가 말이다!

소프트캐러멜 좋아하세요?

물론 오늘날의 컴퓨터는 배비지의 컴퓨터보다 훨씬 빠르다! 컴퓨터 덕분에 인터넷 서핑도 할 수 있고, 정보도 얻고 뉴스도 읽는다. 그중 어떤 소식은 특히 수학자의 관심을 끌기도 하고 혹은 심기를 아주 불편하게 만들기도 한다. 엉성하게 내놓은 설문조사 같은 것들이……

예를 들어 여기 아주 재미있어 보이는 설문조사가 있다. 이 설문조사에 따르면 34%의 프랑스 사람이 소프트캐러멜을 좋아한다고 한다. 이런 정보는 어떻게 얻는 것일까?

물론 모든 프랑스 사람에게 일일이 물어볼 수도 있다. 실제 그럴 생각이라면 그 용기는 대단히 높이 사는 바이다. 가히 영웅적이라고도 할 수 있겠다. 그럼 책의 남은 부분은 몇 년 뒤에 설문작업을 끝내고 와서 마저 읽어보길 바란다. 분명 재미있을 것이다.

합리적으로 생각하자. 100명의 사람들에게 질문을 하여 답변을 얻을 수도 있다. 그중의 아무도 소프트캐러멜을 좋아하지 않는다면, 전반적으로 소프트캐러멜을 좋아하는 사람은 거의 없다고 느낄 것이다. 하지만 신중할 필요가 있다. 질문을 받은 100명의 사람들은 어떤 사람들인가? 만일 이들이 모두 청과물 가게에서 나오는 길이었다면, 당신이 얻은 결과는 분명 제과점에서 나오는 사람들에게 물었을 때와는 다를 것이다.

설문조사 이론에서 가장 먼저 요구하는 것은 응답자를 무작위로 선정해야 한다는 것이다. 그래야만 '통계적 편향'이라고 불리는 이러한 상황을 피할 수 있기 때문이다. 그럼 어떻게 사람들을 '무작위로' 고를 수 있을까? 전화번호부에서 무작위로 번호를 골라낼 수도 있다. 하지만 어떤 사람은 전화를 여러 대 가지고 있기도 하고, 또 어떤 사람은 온 가족이 한 대만 가지고 있거나 심지어는 한 대도 없는 사람도 있을 수 있다. 그러니 이 또한 완전한 무작위 추출은 아니다.

또 어떤 사람이 전화를 받지 않는다고 하더라도 쉽게 포기해서는 안 된다. 그렇지 않으면 다른 사람들보다 바빠서 전화에 응답할 시간이 거의 없는 사람들을 빼놓을 우려가 있기 때문이다. 이메일 주소를 이용해서 조사하더라도 마찬가지다. 또 거리에서 만나서 물어보려고 해도 어디로, 몇 시에 가서 조사할 것인가?

구슬 주머니

이 까다로운 문제는 설문조사기관에 맡겨두고 우리는 좀 더 단순한 상황을 살펴보자. 한 주머니에 붉은색 구슬과 흰색 구슬이 들어 있다(구슬이 프랑스인을 가리킨다고 가정하고 붉은색 구슬은 소프트캐러멜을 좋아하는 사람이라 하자). 당신이 알고 싶은 것은 붉은색 구슬의 비율이다. 전체 구슬의 수가 아주 많다면(수천 개) 그걸 하나하나 모두 세어보지는 않을 것이다. 그보다는 구슬을 섞어서(이 정도는 쉽게 할 수 있다!) 그중의 100개를 무작위로 뽑는 방법이 있다. 그런데 만약 100개의 구슬 중 34개가 붉은색이 나온다고 해도 결코 전체 주머니의 구슬 중 정확하게 34%가 붉은색 구슬이라고 결론지어서는 안 된다. 같은 실험을 그 즉시 한 번 더 반복한다고 상상하면 왜 그런지 이해가 될 것이다. 구슬을 섞어서 또 다시 무작위로 100개를 골라낸다면 전체 주머니 안의 붉은색 구슬의 비율은 변하지 않았음에도 이전과 완전히 동일한 개수로 붉은색 구슬과 흰색 구슬을 골라낼 확률은 거의 없다. 물론 두 번째 실험에서 100개 중 2개만 붉은색 구슬이거나 혹은 85개가 붉은색 구슬일 가능성은 거의 없기는 하지만 말이다. 다시 말해 아무리 완벽한 무작위 선정이 가능한 상황이어도, 설문조사로 그 비율에 대한 대략적인 아이디어는 얻을 수 있으나 정확한 결과를 얻을 수는 없다는 것이다.

문제를 반대로 생각하자. 주머니에 들어 있는 전체 구슬 중 34%가 붉은색 구슬임을 이미 알고 있다. 무작위로 주머니에서 구슬 하나를 꺼낼 때 그 구슬이 붉은색일 확률은 100분의 34이다. 구슬 두 개를 꺼낸다면 각각에 대해 붉은색 구슬을 꺼낼 확률이 100분의 34이므로 두 구슬이 모두 붉은색일 확률은 34/100×34/100가 된다. 각각의 구슬이 흰색일 확률은 66%이므로, 첫 번째로 붉은색 구슬이 나오고 그다음에 흰색 구슬이 나올 확률은 34/100×66/100이 되고, 먼저 흰 구슬이 나오고 이어서 붉은 구슬이 나올 확률은 66/100×34/100이며, 마지막으로 두 구슬이 전부 흰색이 나올 확률은 66/100×66/100이다. 구슬을 셋, 넷, 다섯 혹은 몇 개를 골라내든지 그 개수에 상관없이 이 계산은 아주 간단히 할 수 있다. 따라서 주머니에 들어 있는 전체 구슬 중 붉은색 구슬의 비율을 알고 있다면, 무작위로 100개의 구슬을 골라낼 때 특정 수만큼의 붉은색 구슬을 꺼낼 확률은 아주 쉽게 계산할 수 있다.

하지만 우리가 풀어야 할 문제는 그 정반대다. 100개의 구슬을 꺼냈을 때 34개가 붉은색이라면 주머니 속 전체 구슬 중 34%가 붉은 구슬일 확률은 얼마나 될까? 더 높을까? 낮을까? 이 계산은 좀 더 복잡하긴 하지만, 결과로부터 역으로 계산하면 불가능한 것은 아니다.

그럭저럭 정확한 결과

이렇게 설문조사 결과는 측정한 비율에 대한 정확한 값으로 주어지는 것이 아니라 해당 비율이 나올 가능성이 있는 '범위'의 형태로 주어져야 한다.

1000명의 사람들에게 소프트캐러멜에 대해 질문했을 때 34%의 사람이 소프트캐러멜을 좋아한다고 응답했다면 다음과 같이 계산할 수 있다. 실제로 소프트캐러멜을 좋아하는 사람의 비율(전체 인구에서)이 31%에서 37%일 확률이 95%, 실제 비율이 32~36%일 확률이 90%, 33~35%일 확률이 75%라고 말이다. 당연히 응답자의 수가 많을수록 더욱 정확한 결과를 얻을 수 있다. 하지만 그렇다고 해도 더 정확한 결과를 제시하려고 하면 할수록 리스크는 커지고 반대로 리스크를 줄이려고 하면 할수록 결과의 정확성은 떨어진다는 사실에는 변함이 없다. 분명한 것은 '34%'라는 답을 제시하는 것에는 한계가 있다는 것이다. 절대 틀리지 않을 유일한 방법은 그 비율이 0에서 100% 사이라고 말하는 것이다!

이는 마치 터널 안에 들어가기 전의 대략적인 속도밖에 알지 못하는 어떤 사람의 터널 내 위치를 알아내려는 것과 비슷하다. 그 사람이 터널 안에 있다는 것은 확신할 수 있고, 터널 내에 그가 있을 법한 위치를 추측할 수도 있다. 하지만 너무 구체적으로 위치를 제시하면 그만큼 틀릴 수 있는 리스크도 커진다.

다윗과 골리앗의 여론조사

1936년 미국에서 대통령 선거가 있었다. 각 신문사에서는 어김없이 여론조사로 선거 결과를 예측 발표했다.

당시까지는 《리터러리 다이제스트*Literary digest*》가 이 분야에서 권위 있는 잡지였다. 수년 전부터 수백만 명의 유권자를 대상으로 누구에게 투표할 것인지 조사하여 결과를 발표해왔고 결코 승자를 틀리게 예측한 적이 없다. 1936년 선거에서도 역시 이 잡지사는 1000만 명의 유권자에게 질문을 던져 200만 건 이상의 응답을 수집했고 이를 바탕으로 공화당 후보인 앨프리드 랜던이 승리할 것이라 발표했다.

그 당시 새로 등장한 소규모 여론조사 이론 전문기관인 갤럽은 미국 인구 전체를 대표할 수 있도록 선정된 인구 5000명만을 대상으로 여론조사를 실시했다. 그 결과 민주당 후보인 프랭클린 루스벨트가 당선될 것으로 예측했다. 200만 명 이상 대 5000명. 상대가 안 될 것 같아 보였다. 당연히 더 많은 사람에게 물어볼수록 더 현실에 가까운 결과가 나올 것이라 생각하기 때문이다. 하지만 정말로 승리는 루스벨트의 것이었고 득표 차는 갤럽이 발표한 것보다도 더 컸다!

이 충격적인 사건은 여러 가지로 설명할 수 있다. 《리터러리 다이제스트》는 그 표본집단을 제대로 '섞지' 못한 것이다. 대부분 그 잡지의 독자와 구독자들과 같이 접촉하기 쉬운 사람들을 대상으로 전화(1936년도에는 모든 사람이 전화가 있지는 않았다)로, 혹은 자가용(전화와 마찬가지) 소유자를 대상으로 여론조사를 실시했다.

더 중요한 오류는 바로 조사에 응하지 않은 나머지 800만 명은 어떤 사람들이고, 왜 응답하지 않았는지 잡지사 측에서 전혀 알려고 하지 않았다는 사실이다.

그러나 신문을 읽는 사람은 완전히 다른 집단에 속한 사람보다 조사에 응하려는 경향이 더 클 것이다. 응답자 200만 명은 1000만 명의 표본집단 중에 잘 섞여 있는 것이 아니었던 것이다.

갤럽의 표본 수는 물론 훨씬 더 작았지만 미국의 인구 전체를 훨씬 더 잘 반영했다.

3

자연은 수학이다

모든 기술이나 인간 활동과 동떨어져서, 수학자가 수학을 떠올리지 않을 수 있는 곳이 과연 이 지구상에 있을까? 어렵다, 정말 어려워…… 아마 자연 한가운데서도 수학자는 직업병으로 사방에서 수를 볼 것이다!

도형수

수와 삼각형

평범한 조약돌을 살펴보자. '조약돌'이 라틴어로 calculus라는 사실을 알고 있는가? 계산하다(calculate)라고 할 때의 그 calculus다. 수에 궁금증을 갖기 시작할 때 조약돌만큼 쓰임새가 많은 것도 없기 때문이다.

예를 들어 조약돌 세 개로 삼각형을, 조약돌 네 개로 사각형을, 다섯 개로 정오각형을 그릴 수 있다. 더 나아가 조약돌 세 개로 만든 삼각형 아래에 조약돌 세 개를 더하면 더 큰 삼각형을 얻을 수도 있다. 거기에 다시 조약돌 네 개를 더하면 더 큰 삼각형이 나오고, 이렇게 끝없이 계속 반복할 수 있다.

고대 그리스인은 이렇게 수에 부여할 수 있는 '형태'에 관심을 가졌고, 이를 '도형수'라 불렀다.

삼각수

삼각수를 만들려면 매번 윗줄의 조약돌 개수보다 한 개 더 많은 개수의 조약돌로 한 줄씩 더하기만 하면 된다. 이런 식으로 하면 다음의 수를 얻을 수 있다.

1
3 (=1 + 2)
6 (=3 + 3)
10 (=6 + 4)
15 (=10 + 5)
21 (=15 + 6)
······

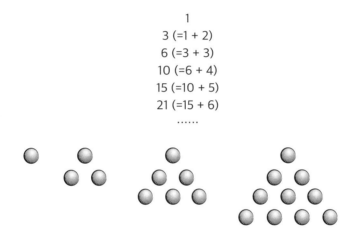

따라서 42줄로 된 삼각형 혹은 571줄로 된 삼각형을 만드는 데 필요한 조약돌의 개수를 알아내려면 그저 인내심을 갖고 1+2+3+4+······의 계산만 하면 된다.

다행히 당신이 선택한 삼각형을 만드는 데 필요한 조약돌의 개수를 바로 계산할 수 있다. 같은 삼각형을 그대로 하나 더 만들어서 모든 조약돌의 줄을 맞추어 첫 번째 삼각형과 거꾸로 맞닿게 하면 된다. 그러면 다음과 같은 직사각형이 나온다.

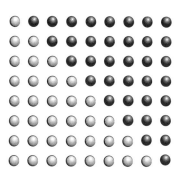

이때 처음 삼각형(보라색)은 8행으로 되어 있으므로 만들어지는 직사
각형도 8행이 된다. 두 번째 삼각형(회색)이 더해지면서 아홉 번째 열이
추가되므로 이 직사각형은 총 (8×9)=72개의 조약돌로 구성된다. 이 중
절반만이 원래의 삼각형에서 온 것이므로 원래의 삼각형은 (72/2)=36
개의 조약돌로 구성되었음을 알 수 있다. 이는 더 큰 삼각형에도 똑같
이 적용된다. 42줄로 된 삼각형에 대해 얻어지는 직사각형은 42행에 43
열로 되어 있을 것이므로 42줄로 된 삼각형을 만드는 데 필요한 조약돌
의 개수는 (42×43)/2이다(혹시 결과가 정말 궁금한 사람을 위해 결과를 말
하면 903이다).

삼각수에서는 더 이상 풀지 못할 수수께끼가 없다. 'n' 줄짜리 삼각형
을 만들 때 필요한 조약돌의 개수는 n×(n+1)/2이다.

직접 해보세요!

건배는 몇 번이나?
한 파티에서 모든 참석자가 서로 잔을 부딪치며 건배를 하려고 합니다.
총 50명이나 되기 때문에 시간이 꽤나 걸립니다. 여기서 즐겁게 서로 부딪는 잔들의 경쾌한 '딩!' 소리를 몇 번이나 들을까요?

생각해봅시다. 50명 중 2명을 고르는 모든 방법을 찾아내야 합니다. 복잡해 보이네요. 좀 더 생각해보지요. 각자가 나머지 모든 사람과 잔을 부딪쳐야 하므로 한 사람당 49번을 부딪혀야 할 것입니다. 하지만 우리가 찾는 결과가 50×49는 아닙니다. 알린느가 베르트랑과 잔을 부딪칠 때 동시에 베르트랑도 알린느와 잔을 부딪치기 때문에 두 배로 세는 것이 되니까요. 그렇다면 정답은 49×50/2가 되는데, 이는 49줄로 된 삼각형의 조약돌 수와 정확하게 일치합니다. 놀랍군요!

다르게 생각해봅시다. 이제부터 참석자들이 한 명씩 방에 들어온다고 상상합시다. 첫 번째 사람이 방에 들어올 때는 잔을 부딪치지 않습니다. 두 번째 사람이 들어올 때 첫 번째로 들어와 있던 사람과 잔을 부딪칩니다. 건배 한 번입니다. 세 번째 사람이 들어올 때 이 사람은 방에 있던 두 명의 사람과 모두 잔을 부딪칩니다. 건배 두 번이 추가됩니다. 네 번째 사람은 건배를 세 번 할 것이고, 다섯 번째 사람은 네 번…… 이런 식으로 계속 이어집니다. 따라서 삼각수가 되는 것은 논리적으로 당연한 것입니다. 하지만 주의해야 할 것이 있습니다. 50명의 참석자라고 해서 50줄짜리 삼각형을 생각해서는 안 됩니다. 잔을 서로 부딪치려면 최소 두 명이 있어야 하므로 49줄로 된 삼각형이 되는 것입니다.

1225번의 경쾌한 소리가 아름다운 음악처럼 울려퍼집니다.

사각수(제곱수)

삼각수는 사람들의 흥미를 그리 오래 끌지 못했지만 사각수(제곱수)는 오늘날까지도 제 이름대로 자주 사용되고 있다. 사각수를 찾으려면 그저 각 수를 자기 자신으로 곱하면 된다. 이렇게 하면 각 변이 해당 수로 된 정사각형을 얻을 수 있다. 그리하여 사각수 목록은 다음과 같이 시작한다.

1×1, 즉 1, 다음은 2×2, 즉 4, 그다음은 3×3, 이렇게 계속 이어진다. 재미있을 것도 없다. 오히려 더 놀라운 것은 하나의 정사각형에서 어떻게 그다음 정사각형으로 넘어가느냐 하는 것이다.

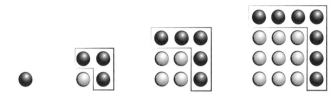

그림에서 회색 직각자 모양과 같이 매번 그 이전에 더해진 개수보다 두 개씩만 더하면 된다. 따라서 사각수는 앞선 홀수들의 합과도 같다. 즉 1 + 3 + 5 + 7 + …… 이렇게 나가다가 그만두고 싶을 때 멈추면 된다. 확인해볼 수도 있다. 즉 1, 1 + 3 = 4, 4 + 5 = 9, 9 + 7 = 16…… 잘 맞아떨어진다.

하지만 그리스인은 여기서 그치지 않았다. 이들은 오각수, 육각수뿐만 아니라 피라미드수, 입방수(세제곱수)(입방수는 사각수와 함께 오늘날까지 그 이름을 그대로 유지한 유일한 도형수다)까지 연구했다.

합성수

그런데 어떤 도형은 그리기가 훨씬 복잡한 것도 있다. 보통 '합성수'라고 불리는 '장방수'가 그렇다. 다소 길쭉하게 생긴 직사각형 모양으로 만들 수 있는 모든 수에 해당한다. 하지만 하나의 행이나 하나의 열만으로 구성된 직사각형은 제외한다. 그렇지 않으면 모든 수를 장방수라고 할 테니 말이다.

몇 가지 예를 들어보자.

숫자 6은 두 개의 행에 각각 조약돌 세 개를 놓으면 만들 수 있다.

반면 숫자 7은 어떻게 해도, 몇 개의 행을 이용하든 결코 직사각형 모양이 될 수 없다.

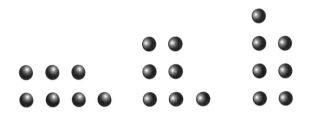

모든 개수의 행에 다 해볼 필요는 없다. 예를 들어 조약돌을 네 개 행에 정렬하면 열의 개수는 두 개밖에 나오지 않는다. 그러나 이미 두 개의 행으로는 정렬을 시도해보았고, 두 행이든 두 열이든 90도를 돌리면 같은 것이기 때문에 사실 해볼 필요도 없었던 것이다.

다음은 수의 목록인데, 가능한 경우에는 직사각형으로 표현하였고, 그렇지 않은 수는 한 줄로 표현하였다.

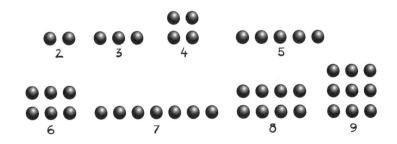

1은 일부러 제외하였다. 1은 사각수일까? 한 행만으로 표현되는?

장방수가 사각수를 포함하고 있다는 것을 알아차렸을 것이다. 정사각형은 직사각형의 특수한 형태이기 때문에 놀라울 것도 없다. 또 다른 주목할 점은 사각수나 삼각수와는 달리 서로 다른 직사각형으로 같은 숫자를 표현할 수 있다는 것이다. 눈속임으로도(조약돌 여섯 개로 두 개씩 세 줄짜리를, 세 개씩 두 줄짜리를 만들 수도 있으나 이 둘은 사실 같은 것이다) 가능하지만 눈속임 없이도(조약돌 열두 개는 네 개씩 세 줄로도 정렬 가능하나 여섯 개씩 두 줄로도 가능한데, 이 두 직사각형은 정말로 다른 직사각형들이다) 가능하다.

반면 어떤 수는 몇 개의 줄로 정렬하든 직사각형 모양으로는 정렬할 수 없다. 이런 수는 어떻게 찾아낼 수 있을까? 그렇게 간단하지는 않다.

두 줄로 된 모든 직사각형은 쉽게 찾아낼 수 있다. 숫자 4부터 시작해서 2씩 간격으로 세기만 하면 된다. 두 줄로 된 하나의 직사각형에서 그다음 직사각형으로 넘어가는 것은 그저 각 줄의 끝에 조약돌을 하나씩 더하기만 하면 되기 때문에 모든 2의 배수가 이에 해당한다. 마찬가지로 숫자 6부터는 세 개의 숫자 중 하나씩은(6, 9, 12……) 세 줄로 정렬할 수 있다. 각 줄의 끝에 조약돌 하나씩만 더하면 되는데, 이는 모두 3의 배수가 된다. 이렇게 계속 이어 반복할 수 있다.

이 아이디어를 활용하여 모든 장방수를 찾아낼 수 있다. 하지만 이 장방수들은 삼각수처럼 작은 수부터 큰 수로 차례로 나열되는 것이 아니라 같은 그룹별로 분류되므로 32번째(혹은 다른 몇 번째든 상관없다) 장방수를 바로 찾아내기 위한 수식을 찾는 것은 상당히 어려워 보인다.

소수

직사각형으로 표현되지 않는 다른 수를 찾아내기 위한 수식 또한 마찬가지로 알아내기에 매우 복잡하다. 이 수는 매우 유명하기 때문에 어쩌면 이미 들어보았을 수도 있다. 같은 크기의 행 여러 줄로 나눌 수 없는 이러한 수가 바로 소수다.

위대한 발견

에라토스테네스의 체

이것은 소수를 찾아내는 가장 오래된 방법이다. 대부분의 멋진 아이디어가 그렇듯이 이 방법도 아주 간단하다. 즉 소수를 찾아내려면 그렇지 않은 수를 제거해 나가면 된다. 그렇지 않은 수를 찾는 것이 훨씬 쉽기 때문이다.

예를 들어 2와 100 사이에 존재하는 소수를 찾아보자(1은 언제나 특별한 경우이므로 여느 때와 마찬가지로 제외하고 생각한다).

2부터 시작하자. 2는 물론 소수이므로 남겨두어야 한다. 그다음부터는 숫자 두 개 중 하나씩 제거한다. 즉 모든 2의 배수, 그러므로 소수가 아닌 수들을 의미한다.

②	3	4̶	5	6̶	7
8̶	9	1̶0̶	11	1̶2̶	13
1̶4̶	15	1̶6̶	17	1̶8̶	19
2̶0̶	21	2̶2̶	23	2̶4̶	25
2̶6̶	27	2̶8̶	29	3̶0̶	31
3̶2̶	33	3̶4̶	35	3̶6̶	37
3̶8̶	39	4̶0̶	41	4̶2̶	43
4̶4̶	45	4̶6̶	47	4̶8̶	49
5̶0̶	51	5̶2̶	53	5̶4̶	55
5̶6̶	57	5̶8̶	59	6̶0̶	61
6̶2̶	63	6̶4̶	65	6̶6̶	67
6̶8̶	69	7̶0̶	71	7̶2̶	73
7̶4̶	75	7̶6̶	77	7̶8̶	79
8̶0̶	81	8̶2̶	83	8̶4̶	85
8̶6̶	87	8̶8̶	89	9̶0̶	91
9̶2̶	93	9̶4̶	95	9̶6̶	97
9̶8̶	99	1̶0̶0̶			

2의 배수

지워지지 않은 첫 번째 수는 3이다. 지워지지 않았다는 것은 조약돌 세 개를 3보다 적은 개수의 행을 가진 직사각형으로 정렬할 수 없다는 것을 말한다. 따라서 3은 소수다.

3은 남겨두고 이제 6부터 시작하여 숫자 세 개 중 하나씩(3의 배수) 지워나간다. 이때 이미 앞서 지운 수를 또 지우게 되는데, 그 수는 2의 배수임과 동시에 3의 배수다.

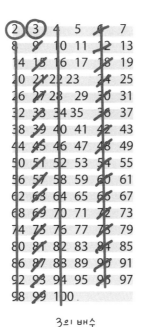

3의 배수

이번에 지워지지 않은 첫 번째 수는 5로 역시 소수다. 5도 남겨두고 이제 10부터 시작해서 숫자 다섯 개 중 한 개씩 지워나간다. 그다음 지워지지 않은 첫 번째 수는 7이 되므로 7은 소수이고, 이제 숫자 일곱 개 중하나씩 지워나간다.

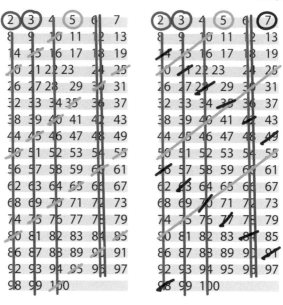

5의 배수

7의 배수

이 방법을 이용하면 어디까지든 원하는 수까지 나오는 모든 소수를 찾아낼 수 있다.

7의 배수를 모두 지우고 나면 121까지 지워지지 않은 모든 수는 소수다 (따라서 위의 표에서 지워지지 않은 모든 수는 소수다). 좀 더 설명하면, 그다음 단계로 지워나갈 11의 배수를 생각해보면 된다. 2×11은 2의 배수를 지울 때 이미 지워졌고, 3×11은 3의 배수를 지우는 단계에서 지워졌으며…… 이렇게 나가면 실제로 처음 지울 수는 11×11, 즉 121이 된다.

2	3	4	5	6	7	
8	9	10	11	12	13	
14	15	16	17	18	19	
20	21	22	23	24	25	
26	27	28	29	30	31	
32	33	34	35	36	37	
38	39	40	41	42	43	
44	45	46	47	48	49	
50	51	52	53	54	55	
56	57	58	59	60	61	
62	63	64	65	66	67	
68	69	70	71	72	73	
74	75	76	77	78	79	
80	81	82	83	84	85	
86	87	88	89	90	91	
92	93	94	95	96	97	
98	99	100				

100까지의 소수는 어떤 단계에서도 지워지지 않고 남은 수들이다.
즉 체의 어떤 '거름망'으로도 걸러지지 않은 것이다.

이 방법은 소수에 관한 문제를 잘 보여준다. 각 단계에서 규칙적인 간격으로 나타나는 수를 지워나가더라도 어떤 수는 여러 번 중복하여(게다가 매번 같은 횟수도 아니다) 지워지므로 결과는 매우 불규칙할 수밖에 없다.

또한 이 방법은 숫자가 커질수록 발견되는 소수가 점점 적어지는 이유도 보여준다. 숫자가 클수록 그 단계까지 가기 전에 더 많은 수가 걸러지기 때문이다. 실제로 그렇다. 예컨대 0과 100 사이에 존재하는 소수의 개수는 25개나 되는 반면 1000과 1100 사이에는 16개밖에 없고, 10000과 10100 사이에는 11개, 100000과 100100 사이에는 여섯 개밖에 없다. 소수의 수가 점점 적어지면 어떤 수 너머로는 모든 수가 지워지는 상황을 상상할 수 있다. 그러면 모든 소수의 목록을 얻는 것이다. 하지만 안타깝게도 이미 고대부터 소수는 무한히 존재하며 따라서 그 목록에서 가장 큰 소수보다 더 큰 소수가 항상 존재할 것이라는 사실이 잘 알려져 있다.

그렇다면 소수를 왜 이렇게 중요하게 여기는 것일까? 우선 소수의 존재가 알려진 지 2500년이 넘게 지났지만 간단하고 빠르게 소수의 목록을 얻을 수 있는 방법이 아직까지 발견되지 않았기 때문이다. 분한 일이 아닐 수 없다. 물론 소수를 찾아내는 가장 오래된 방법(72쪽, '에라토스테네스의 체' 참고)이 발견된 이후 지금까지 꽤나 많은 발전이 있었지만 여전히 단순해 보이는 질문의 해답은 찾아내지 못하고 있다.

또 다른 이유는 바로 소수를 이해하면 모든 정수를 더욱 잘 이해할 수 있기 때문이다!

의심스러운가? 그렇다면 소수를 왜 소수라고 부르는지 생각한 적이 있는가?

원색을 생각해보라. 노랑, 빨강, 파랑. 이 색들을 원색이라 부르는 이유는 이 색으로는 다른 모든 색을 만들 수 있지만 다른 색으로는 이 색을 만들 수 없기 때문이다. 그야말로 색의 '원재료'인 셈이다. 더군다나 어떤 특정 색을 만들 수 있는 원색 간의 조합 비율 또한 하나뿐이다.

소수의 역할도 이와 정확히 일치한다. 소수는 원재료로서 곱셈으로 모든 정수를 만들 수 있다. 이를 위해서는 적절한 소수를 골라서 곱하기만 하면 되는데 때로는 하나의 소수를 여러 번 이용해야 할 수도 있다. 예를 들어 숫자 12는 소수 2와 3으로 만들 수 있다.

$$12 = 2 \times 2 \times 3$$

숫자 30은 소수 2, 3, 5를 가지고 만들 수 있다.

$$2 \times 3 \times 5 = 30$$

이렇게 모든 정수는 소수로 만들 수 있고, 각각의 수를 만들 수 있는 방법은 단 하나밖에 없다. 하지만 한 소수를 그보다 더 작은 두 개의 소수의 곱으로 얻을 수는 없다. 소수는 나누어지지 않기 때문이다.

그래서 각 정수는 자기만의 명함이 있다. 소수든가 아니면 소수의 곱으로 자신을 만드는 것이 유일한 방법이다.

이 '명함'을 시각적으로 표현하기 위해 펜실베이니아의 젊은 연구자가 고안한 실용적이면서도 멋진 방법이 있다(더 알아보기 참조).

그에 따르면 소수, 즉 약수가 없는 수는 그 수만큼의 점을 원형으로 정렬하여 표현한다.

소수가 아닌 수는 그 수의 약수를 나타내는 방식으로 점을 배치한다. 예를 들어 숫자 15의 점의 배치는 다음과 같다.

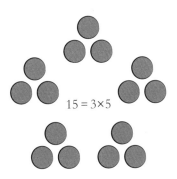

$$15 = 3 \times 5$$

그림에서 조약돌 세 개(삼각형) 묶음짜리 다섯 개를 바로 확인할 수 있다.

$$15 = 3 \times 5!$$

당연하다고? 물론 15에 대해서는 그럴지 모른다. 하지만 예를 들어 105에 대해서도 다음의 그림 없이 105가 3×5×7인 것을 바로 알아낼 수 있었을까?

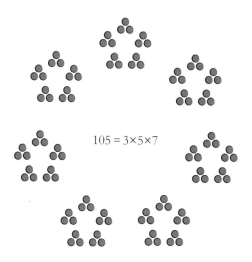

$$105 = 3 \times 5 \times 7$$

이와 같이 조약돌로 수를 표현하는 데 관심 있는 사람들은 오늘날에도 여전히 존재한다.

위대한 발견

미해결 문제

미국의 클레이 수학연구소는 수학계의 세계 7대 난제를 선정하고 해결하는 사람에게 100만 달러의 상금을 수여한다고 밝혔다. 그 결과 난제 중 하나인 푸앵카레의 추측이 증명되었다(31쪽 참조). 하지만 같은 리스트에 올라 있는 1859년에 제시된 리만 가설은 여전히 풀리지 않았다. 내용을 설명하기에는 너무 복잡하지만 소수와 아주 밀접한 관계가 있다. 많은 수학자가 이를 현재 모든 수학 문제 중에서 가장 중요한 문제로 보고 있다. 이런 집착은 새로운 것도 아니다.

20세기 초 독일의 위대한 수학자인 다비트 힐베르트는 언젠가 이렇게 말했다.

"만약 나에게 1000년 동안 잠자다 깨어나 제일 처음 묻고 싶은 게 뭐냐고 묻는다면 그것은 아마 '리만 가설이 증명되었느냐?'일 것이다."

쌍둥이 소수

수학자들이 해결을 바라는 또 다른 문제는 바로 쌍둥이 소수 추측이다. 이것은 적어도 설명하기는 아주 쉽다. '쌍둥이' 소수는 이름에서 알 수 있듯이, 서로 아주 가까이 위치한 두 개의 소수를 의미한다. 이 두 소수 사이의 차는 2다. 소수 중 유일한 짝수인 2를 제외하고 나면 두 개 소수의 쌍을 쉽게 떠올릴 수 있다. 쌍둥이 소수의 목록은 다음과 같이 시작한다. 3과 5, 5와 7, 11과 13, 17과 19……. .

더 큰 수로 갈수록 쌍둥이 소수는 점점 더 적게 나타날 것이다. 당연하다. 모든 소수가 이미 그러하기 때문이다. 그렇다면 쌍둥이 소수는 무한히 존재할까 아니면 쌍둥이 소수 쌍 중에서 가장 큰 소수들로 구성된 한 쌍이 있을까? 이를 연구하는 연구자들은 쌍둥이 소수가 무한히 존재한다는 것을 거의 확신하면서도 이를 입증하지는 못하고 있다. 이 문제는 이미 고대부터 제기되었는데도 말이다. 그래도 관심이 간다면 서둘러야 할 것이다. 2013년 5월부터 수학계가 끓어오르고 있기 때문이다. 이때까지 많이 알려지지 않았던 수학자인 이탕 장이 차이가 7000만 이하인 소수 쌍이 무한히 존재한다는 사실을 증명하면서 결정적인 한 걸음을 내딛었다. 남은 것은 이 차이를 2까지 줄이는 것이다. 갈 길이 멀어 보이지만 수학에서는 보통 첫걸음이 가장 중요한 경우가 많다. 그 증거로 그 후 1년이 채 되지 않아 수학자들이 힘을 모아 이 차이를 270까지 낮추는 데 성공했다.

피보나치의 토끼

들에서 깡충깡충 뛰노는 작은 토끼만큼 귀여운 것이 또 있을까? 게다가 귀여울 뿐만 아니라 번식 속도가 어마어마한 토끼들 말이다! 이 토끼들의 주체할 수 없는 번식 속도가 바로 수학 역사상 가장 유명한 문제 중 하나의 핵심이다. 이 문제에 대해서라면 어떤 수학자라도 흘끗 보고 지나친 토끼 한 마리 한 마리를 생각하지 않을 수 없을 것이다.

원래 이 문제는 1200년경 이탈리아 상인의 아들 피보나치가 제기했는데 그는 피사의 레오나르도라고도 불린다. 토끼 한 쌍을 무인도에 풀어놓고 일정 시간이 지난 뒤 그곳에 몇 마리의 토끼가 살고 있

는지 알아내는 것이다.

　물론 이 문제는 수학의 범위를 한참 벗어난다. 토끼가 먹을 것은 있을지? 한 마리당 몇 마리의 토끼를 낳을지? 몇 마리나 죽을지? 등등. 이런 질문에 답하려면 현실을 단순화하여 수학문제로 만들 필요가 있다. 이를 '모델을 세운다'고 하는데 이때의 목표는 가능한 한 현실에 최대한 가깝게 하는 것이다. 이러한 관점에서 보면 피보나치는 최대치를 과장한 감이 있다. 우선 그는 모든 토끼가 먹을 것이 항상 충분하며, 어른 토끼 한 쌍이 매달 한 쌍의 토끼, 즉 암컷 한 마리와 수컷 한 마리를 낳는다고 가정한다. 실제로는 한 마리의 토끼는 두 마리 이상의 토끼를 낳고, 수컷과 암컷의 비율이 늘 같은 것도 아니다. 그래도 이렇게 단순화한 것을 비교적 합당하다고 볼 수 있는 것은 개체수가 많아지면 거의 이에 가까워지기 때문이다. 따라서 한 세대에서 출생하는 전체 토끼에 대해 수컷과 암컷의 수가 거의 비슷하다고 기대할 수 있다.

그리고 새로 태어나는 토끼의 수가 적은 것을 보상하기 위해 토끼가 결코 죽지 않는다고 가정한다. 마지막으로 출생 직후에는 어른 토끼라고 할 수 없으며 출생 후 한 달이 지나야만 번식할 수 있다. 이 모든 단순화에도 불구하고 뭔가 신뢰할 만한 예측 결과를 얻을 수 있다면 필시 그것은 엄청난 행운일 것이다. 그렇지만 적어도 연구하려면 이런 단순화가 필요하다.

위대한 발견

피보나치, 《산반서》, 그리고 아라비아숫자

피보나치는 엄밀히 말하면 위대한 수학자는 아니다. 하지만 상인의 아들로서 지중해 지역을 여러 차례 여행하며 당시 유럽인보다 과학에 훨씬 앞서 있던 아랍인을 많이 만났다.

이러한 만남에서 그가 배운 가장 위대한 혁신은 바로 아랍인이 수를 기록하는 방식과 그 체계를 활용한 계산의 편리함이었다.

그 당시 유럽은 여전히 로마숫자를 사용했는데 이는 실제로 상당히 불편했다. 그래서 피보나치는 계산 문제와 그 해법을 담은 저서《산반서 *Liber Abaci*》를 집필하여 아라비아숫자의 존재와 그 유용성을 알렸다.

피보나치가 제시한 문제들(그 유명한 토끼 문제도 그중 하나다)은 무엇보다도 아랍의 학자들이 사용하는 방식의 효율성을 잘 보여준다. 곱셈에서 활용한 격자무늬법이 그 예다.

이는 학교에서 배운 방법과 많이 유사하다. 예를 들어 47×86을 계산해보자.

먼저 두 수를 표에 적어 넣는다. 하나는 맨 위의 행에, 다른 하나는 오른쪽 열에 적는다. 다른 남은 칸들은 대각선으로 둘로 나눈다. 그다음 칸마다 해당 숫자끼리 곱한 결과를 적는데 일의 자리 숫자는 사선 아래에, 십의 자리 숫자(없으면 0을)는 사선 위에 적는다. 마지막으로 이제 아래쪽 일의 자리 숫자부터 비스듬히 더하기만 하면 된다. 받아올림 숫자가 나오면 적어두는 것을 잊지 말자(이 예시에서는 작은 숫자로 기입되어 있다).

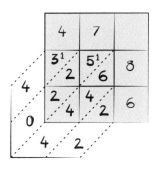

요약하면 다음과 같다. 어른 토끼 한 쌍은 매달 새끼 토끼 한 쌍을 낳는다. 출생 후 한 달이 지나면 이 새끼 토끼 쌍도 어른 토끼가 되어 매달 새로운 한 쌍의 새끼를 낳는다. 그리고 어떤 토끼도 죽지 않는다.

단 한 쌍의 어린 토끼로 시작해서 매달마다 어떤 결과가 나오는지 보자.

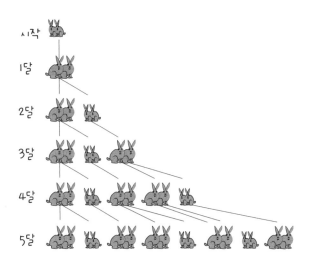

    첫 한 쌍이 어른 토끼가 되는 것으로 시작해서(한 달), 그다음 세대(2)
어린 토끼 한 쌍을 낳는다. 석 달째에는 최초의 한 쌍이 또 새로운 어린
토끼 한 쌍을 낳고, 그 전에 태어난 어린 토끼 한 쌍이 어른 토끼가 된다.
총 세 쌍이 된 것이다. 이렇게 계속된다.

    일일이 그리기가 어려울 만큼 토끼가 늘어가고 있다. 어떻게 하면 그
림을 그리지 않고도 계속 이어지는 다음 달의 토끼 개체 수를 알 수 있
을까?

    단계마다 어른 토끼와 새끼 토끼를 구분할 수 있다. 그런데 주어진
시기에, 예를 들어 여섯 달째에, 존재하는 어른 토끼는 그보다 한 달 전
(이 경우 다섯 달째)에 새끼였든 어른이었든 존재하던 모든 토끼다. 그렇
다면 새끼 토끼들은? 새끼는 한 달 전, 즉 5개월째에 이미 어른이었던
토끼에게서 태어난다. 그런데 방금 전에 보았듯이, 어른 토끼의 수는 그

보다 한 달 전에, 따라서 이 경우에는 넉 달째에, 존재하던 전체 토끼의 수와 정확하게 일치한다.

다시 말해 여섯 달째 토끼 쌍의 수를 알아내려면 넉 달째의 토끼 쌍의 수(어린 토끼 수)에 다섯 달째 토끼 쌍의 수(어른 토끼 수)를 더하면 된다는 것이다.

따라서 이 경우 13이 될 것이다. 이 계산은 그 이전에 대해서도 유효하며, 나머지에 대해서도 마찬가지다. 따라서 토끼 쌍의 수는 달이 지나감에 따라 1, 1, 2, 3, 5, 8, 13, 21…… 이렇게 나갈 것이다. 언제든지 마지막 두 항을 더하기만 하면 그다음에 올 수를 계산할 수 있다. 이것이 바로 그 유명한 '피보나치수열'이다.

직접 해보세요!

솔방울과 피보나치수열

솔방울을 관찰해보세요. 솔방울의 비늘은 두 방향의 나선형으로 생겨납니다. 시계방향(검정색)과 그 반대방향(보라색)이지요.

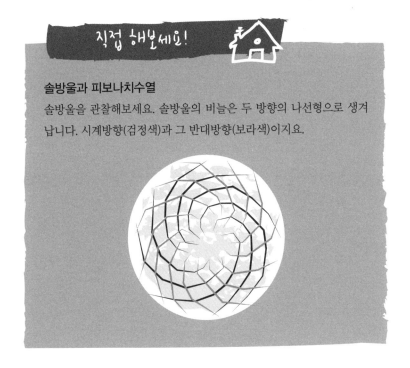

한쪽 방향으로 도는 나선의 개수와 반대 방향으로 도는 나선의 개수를 각각 꼼꼼하게 세어봅시다. 이 그림에서는 각각 여덟 개와 열세 개군요. 이와 같이 항상 피보나치수열에서 연이어 나오는 두 수가 나올 것입니다! 같은 실험을 파인애플이나 해바라기 꽃으로도 할 수 있습니다. 극히 드문 경우를 제외하고는 언제나 8과 13, 또는 13과 21, 혹은 34와 55, 혹은 그 이상이 나옵니다.

이런 현상은 어떻게 설명할 수 있을까요? 자연에서 흔하게 나타나는 원통형이나 구형과 마찬가지로(32쪽 비눗방울 참조) 이를 설명하려면 물리학의 도움을 받아야 합니다.

솔방울의 비늘은 나선의 중심에서 차례로 하나씩 나오는데, 가장 공간이 많은 곳으로 나오며 다른 비늘을 밀어냅니다. 또한 비늘은 가능한 한 최대한 빽빽하게 서로 껴 있는데, 이는 새로운 비늘이 나오며 먼저 나와 있던 것을 누르기 때문입니다. 이 아이디어만을 가지고 스테판 두아디와 이브 쿠데는 2000년대에 실험실에서 서로 밀어내면서 규칙적으로 떨어지는 작은 물방울을 이용해 '피보나치' 나선을 만드는 데 성공합니다. 즉, 자연스러운 현상이지 마법이 아니라는 것이지요.

피보나치수열 혹은 이와 비슷한 다른 수열(초기 항을 바꾼다거나, 마지막 두 항이 아니라 세 항을 더하여 얻는 수열 등)은 여러 가지 다양하고 간단한 문제에서도 발견할 수 있다. 계단문제는 그중의 한 예인데 직접 실제로 풀어볼 수도 있다.

당신이 계단을 오른다고 생각하자. 언제든지 한 칸은 건너뛸 수 있으나 그 이상은 너무 높아서 안 된다. 다시 말해 매번 바로 이어지는 위 칸에 오르거나 혹은 한 칸을 건너뛰어 그 위 칸으로 바로 올라간다는 것이다. 이때 계단을 오르는 서로 다른 방법은 모두 몇 가지나 될까?

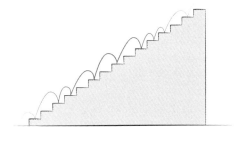

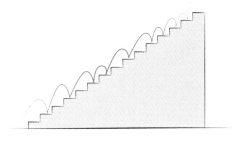

하나의 같은 계단을 오르는 두 가지 다른 방법

물론 이는 계단의 전체 칸 수에 따라 다르다. 단계별로 생각하자. 한 칸짜리 계단을 오르는 방법은 하나밖에 없다.

두 칸짜리 계단을 오를 때는 한 칸을 건너뛰고 바로 맨 위 칸으로 올라가는 방법과 첫 번째 칸을 밟고 지나가는 방법 중에서 선택할 수 있다.

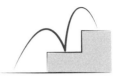

그다음은 어떨까? 세 칸짜리 계단을 오를 때는, 우선 첫 번째 칸을 밟고 시작하면 두 칸짜리 계단이 남고, 혹은 첫 번째 칸을 건너뛰면서 두 번째 칸부터 밟고 시작하면 한 칸짜리 계단을 오르는 일만 남는다. 이미 살펴본 두 계단인 것이다.

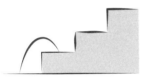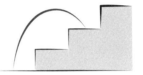

첫 번째 칸을 밟고 시작하면 올라가야 할 칸이 두 개 남고,
두 번째 칸부터 시작하면 한 칸밖에 남지 않는다.

따라서 세 칸짜리 계단을 오르는 방법의 수는 2 + 1 = 3이 된다. 같은 방식으로 추론하면 네 칸짜리 계단을 오르는 방법의 수는 3 + 2 = 5가 되고, 이런 식으로 계속 이어진다. 앞선 계단을 오르는 방법의 수를 더하기만 하면 된다. 어쩐지 토끼 이야기가 떠오르지 않는가?

아라비아숫자

이상하게도 아라비아숫자는 유럽에서 대세가 되기까지 오랜 시간이 걸렸는데, 이는 무엇보다도 적군인 아랍의 '이교도'에서 온 것이기 때문이었다. 하지만 사실 아라비아인은 인도에서 개발한 체계를 현명하게 사용했을 뿐이었다. 그렇다. 아라비아숫자는 사실 인도 숫자라고 해야 한다. 물론 그렇다고 해서 역사가 크게 바뀔 일은 없었을 것이다. 이 체계는 계산할 때 너무나도 편리했기 때문에 결국에는 어느 곳에서든 인정받을 수밖에 없었기 때문이다.

16세기 초의 이 판화는 아바크(고대 로마의 주판)를 사용해 계산하는 나이 많은 피타고라스보다 아라비아숫자를 사용해서 훨씬 빠른 속도로 계산하는 젊은 보에티우스를 편애하는 '수의 여신'을 그리고 있다.

동네 거리에도 수학이 있다

당신이 살고 있는 동네의 모든 거리가 서로 평행하거나 수직으로 만나는 직선이라고 생각하자. 오른쪽이나 아래쪽으로만 진행하면서(뒤로 돌아갈 수는 없다) 기차역(왼쪽 위)에서 당신의 집(오른쪽 아래)까지 갈 수 있는 방법은 몇 가지나 될까?

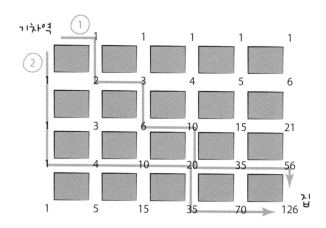

가장 간단한 방법은 역에서 출발하여 각각의 사거리에 도달하는 서로 다른 방법의 개수를 세어보는 것이다. 역에서 교차하는 길 위의 사거리들에는 똑바로 가는 방법 하나밖에 없으므로 쉽게 찾을 수 있다. 그외의 사거리는 각각의 사거리에 도달하려면 무조건 그 왼쪽 사거리나 위쪽 사거리에서 접근할 수밖에 없으므로 이 두 개의 각 사거리로 도달하는 방법의 개수를 서로 더하기만 하면 된다.

이런 식으로 사거리마다 값을 얻어나가다 보면 목적지로 가는 방법이 몇 가지인지 가짓수를 알아낼 수 있다. 여기서는 126이다!

왼쪽에서 두 번째 수직방향 거리의 사거리마다 매겨진 수에 주목하자. 마치 정수를 차례대로 매긴 것처럼 보인다. 놀랄 것은 없다. 사거리마다 그 위쪽 사거리에 도달하는 방법의 가짓수에 그 왼쪽 사거리에 도달하는 방법의 가짓수인 '1'을 더하기 때문이다.

마찬가지로 아주 논리적이지만 그래도 한층 더 놀라운 것은 그다음 수직방향 거리에 매긴 수를 보면 삼각수가 차례로 나온다는 것이다.

이보다 더 놀라운 것은 이 숫자들을 비스듬하게 잘 더하면…… 피보나치의 수열을 발견할 수 있다는 것이다!

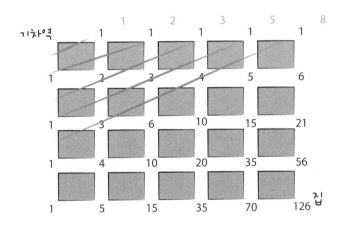

4

가위, 종이, 보!

별것도 아닌 종이를 이리저리 만지다가 보면 재미난 것을 관찰하거나 수학 문제를 떠올릴 수도 있다.

직사각형 모양

직사각형은 정사각형(특수한 직사각형)부터 너무 길쭉하게 생긴 나머지 마치 선처럼 보이는 직사각형에 이르기까지 모양이 아주 다양하다. 이들은 서로 전혀 비슷하게 생기지 않았는데도 모두 이름이 같다.

우리 주변에서 가장 흔히 볼 수 있는 종이의 규격은 A4지로 가로 21cm, 세로 29.7cm다. 주로 복사나 프린트에 사용한다. 이 크기는 어떻게 정해진 것일까?

우선 A4가 A 계열에 속한다는 것을 알아야 한다. 더 큰 크기인 A3 혹은 A2는 포스터용으로 사용하고, 더 작은 크기인 A5는 공연 책자용으로 사용한다.

이 중 한 규격에서 그보다 하나 더 작은 규격으로 넘어가는 것은 아주 간단하다. 세로 길이 방향으로 반으로 접어주면 된다.

A3 포스터를 반으로 접으면 A4 크기가 되고, 이를 다시 반으로 접으면 A5 전단지 크기가 될 것이다. 그렇다면 이 계열의 특별한 점은 무엇일까?

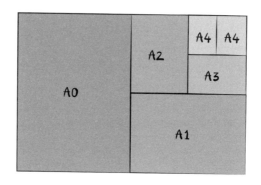

정사각형 하나를 반으로 접으면 높이가 너비의 두 배인 직사각형을 얻는다. 이를 높이 방향을 따라 다시 반으로 접으면 이번에는 다시 정사각형이 나온다. A4는 정사각형도 아니고(이건 그냥 보아도 알 수 있다), 높이가 너비의 두 배가 되지도 않는다. 높이 방향으로 반으로 접더라도 정사각형이 나오지는 않으니까 말이다. 사실 정확히 말하면 A 계열의 크기는 반을 접어서 나오는 직사각형이 처음 직사각형과 정확히 같은 모양이 될 수 있도록 하기 위해 선택한 것이다.

이는 큰 규격이 작은 규격보다 조금 더 길쭉하거나 덜 길쭉하지 않고 그 어떤 변형도 없는 그저 확대한 규격이라는 것을 의미한다. 작은 규격의 너비와 높이에 같은 수를 곱하면 큰 규격의 너비와 높이가 나온다. 작은 규격 위에 있는 사진이나 그림을 큰 규격의 크기에 맞추더라도 왜곡되지 않는다. 마치 컴퓨터 모니터에서 이미지를 확대할 때 이미지의 모서리가 아니라 꼭짓점을 잡아 늘이는 것처럼 말이다.

이 계열 규격의 큰 장점은 두 개의 작은 규격을 큰 규격 하나 위에 정렬할 수 있다는 것과, 한 규격에서 다른 규격으로 변경하더라도 이미지를 왜곡하지 않는다는 것이다. 따라서 버리는 공간이나 변형되는 것 없이 A4에서 A3로 마음껏 확대할 수 있다.

당연히 이는 다른 곳에서는 잘 찾아볼 수 없는 특징이다. 전화기 화면과 극장 화면, 텔레비전, 컴퓨터 화면을 비교하면 이해가 쉽다. 16:9, 4:3, 정사각형 등…… 영화를 볼 때 이미지를 각 화면에 맞게 조정하지 않으면 배우들은 우스꽝스럽게 나올 것이다.

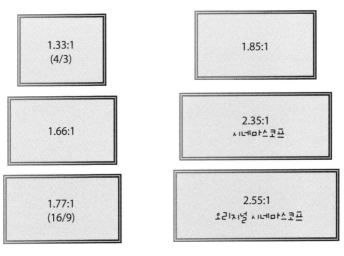

다양한 화면 포맷

모든 화면이 같은 모양이라면 이미지는 그저 더 크거나 작아지기만 할 뿐 결코 왜곡되지 않고, 남는 공간 없이 화면을 꽉 채웠을 것이다.

그럼 다시 수학문제로 돌아가자. 반으로 접어도 같은 모양이 나오는 직사각형은 어떻게 그리는 것일까? 직사각형의 모양은 높이를 얻기 위해 너비에 곱해야 할 수, 즉 너비에 대한 높이의 비율에 따라 결정된다.

각 변의 길이가 a와 b인 작은 직사각형을 생각해보자. 이 직사각형의 넓이는 a×b다. 왜곡되는 것 없이 더 큰 크기의 직사각형으로 확대하려면 너비와 높이를 같은 수 'k'로 곱해야 한다. 따라서 더 큰 직사각형의 각 변의 길이는 k×a와 k×b가 되고, 그 넓이는 $k×a×k×b = k×k×a×b = k^2×a×b$, 즉 작은 직사각형 넓이의 k^2배가 된다.

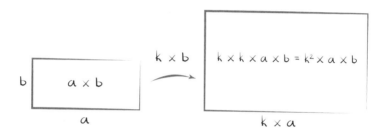

큰 직사각형을 반으로 접었을 때 작은 직사각형이 나와야 하므로 큰 직사각형의 넓이는 작은 직사각형 넓이의 정확히 두 배라는 것을 알고 있다. 따라서 $k×k = 2$이므로 k는 자기 자신으로 곱했을 때 2가 나오는 수인 것이다. 또한 우리는 작은 직사각형의 높이가 큰 직사각형의 너비와 같다는 사실도 알고 있다(작은 직사각형은 큰 직사각형을 반으로 접은 것이기 때문이다). 따라서 우리가 찾고자 하는 직사각형의 높이와 너비의 비인 a/b 또한 k가 된다.

이 수는 고대 때부터 알려진 수로, √2라고도 표기하는 2의 제곱근이다. 이 값은 어떻게 계산할까?

1×1=1이고 2×2=4임을 더듬어 이 수는 1과 2 사이일 것이라고 추론할 수 있다. 1.5를 대입해 계산해보자. 1.5×1.5=2.25, 너무 크다. 따라서 우리가 찾는 수는 이보다 더 작은 수다. 1.25일까? 1.25×1.25=1.5625, 너무 작다. …… 물론 다른 방법도 있다. 그래도 오늘날 가장 효율적인 방법은 계산기를 이용하는 것이다.

하지만 계산기로도 충분하지 않을 것이다. 이 수의 소수부(소수점 이하의 숫자들)는 무한하기 때문이다. 따라서 계산기도 1.41421356과 같이 초반 부분밖에 알려주지 않을 것이다. 이 수를 거듭제곱하면 2에 아주 가깝기는 하지만 살짝 그에 미치지 못한다는 사실을 확인할 수 있다.

A4의 치수 또한 거의 이 비율이라는 것을 확인할 수 있는데, 높이 29.7cm에 너비 21cm로, 29.7/21은 약 1.4142857이다. 끝으로 왜 21×29.7cm 인지는 가장 큰 규격인 A0의 넓이가 1m²라는 것으로 설명된다.

만약 복사기를 쓸 일이 있다면 복사기가 제시하는 확대 비율이 141% 임을 관찰할 수 있을 것이다. 1.41이라…… 어디선가 많이 본 숫자 같지 않은가?

위대한 발견

무리수

√2는 아주 어두운 이야기와 함께 전해 내려오고 있다. 어느 설에 따르면 √2의 발견이 살인 사건으로 이어졌다고 한다.

이 사건을 이해하려면 고대 그리스 피타고라스학파가 있던 시절로

거슬러 올라가야 한다. 이 학파의 이름은 물론 피타고라스의 이름에서 온 것인데 피타고라스는 오늘날 그의 이름을 딴 정리로 유명하다. 하지만 사실 그가 이 정리를 처음으로 발견한 것은 결코 아니다. 어쨌든 이 유명 학자가 이 학파를 만들었는데, 반은 연구모임이고, 반은 거의 종교 결사로서 이곳에서 사람들은 연구도 하고 (무엇보다도) 수학 주제에 관한 비밀을 서로 공유하기도 했다. 그들은 '모든 것은 수'라는 사실을 강력하게 믿었다. 즉 모든 것은 정수를 이용해 표현할 수 있다는 것이다. 예를 들어 피타고라스학파의 사람이 케이크를 반으로 자른다면, 그는 이를 케이크 반 개, 혹은 0.5개라고 말하기보다는 절반의 케이크와 전체 케이크 간에 '1 대 2의 비율'이 있다고 말하는 것을 선호한다. 그래야만 정수만을 사용해서 표현할 수 있기 때문이다.

이는 케이크를 몇 조각으로 나누더라도, 혹은 다른 사물에도 모두 적용할 수 있다. 길이, 면적, 기간 등을 표현할 때 이들은 항상 정수와 관련해서 표현했다. 예를 들어 A4를 피타고라스학파적으로 말하자면 '높이 대 너비의 비율은 297대 210의 비율과 같다'고 할 수 있다.

어떤 직사각형의 높이와 너비를 아무리 세밀하게 측정한다 하더라도, 예컨대 23.53cm와 32.89cm라고 한다면 이 두 치수는 정수로 표현할 수 있다. 23.53cm = 2353의 십분의 1mm로, 32.89cm = 3289의 십분의 1mm 로 말이다. 한쪽이 33.333333333⋯⋯cm여도 마찬가지다. 이는 100/3cm 이므로, 100의 '삼분의 1cm', 혹은 10000의 십분의 1의 삼분의 1mm로 표현된다. 그러면 십분의 1mm 단위로 주어진 길이는 3을 곱하면 이 새 로운 단위에 맞추어 표현할 수 있다.

피타고라스학파를 충격에 빠뜨린 발견은 $\sqrt{2}$는 이렇게 표현할 수 없다 는 사실이었다. 예를 들어 1이라는 길이와 $\sqrt{2}$라는 길이를 측정하기 위해 공통으로 적용할 수 있는 단위를 찾는 것이, 아무리 작은 단위라고 하더 라도 불가능했던 것이다. 정말 한 치의 오차도 없이 불가능했다. 이 두 길이는 '약분불가능'한 것이다. 오늘날 $\sqrt{2}$는 '무리수'라고 한다. 그러나 그 당시에는 정수를 사용해서 다른 것들과 관련짓는 것이 불가능한 길 이의 발견은 충격 그 자체였다. 그런 수를 찾는 것이 그렇게 어려운 일 도 아니었기 때문에 더욱 그러했다. 한 변의 길이가 1인 정사각형이 있 을 때 그 정사각형의 대각선 길이는 정확히 $\sqrt{2}$다.

아항!

설에 따르면 피타고라스학파의 일원이던 메타폰티온의 히파수스는 이러한 충격적인 발견을 외부에 감히 공개하고자 했다. 이는 학파에 대한 완전한 배신행위였다. 학파는 그가 다시 발설하는 것을 막으려 고 그를 바다 한가운데에 내던졌다고 한다.

이 이야기는 거짓일 확률이 높지만, 그렇다고 하더라도 이 작은 수가 고대인들을 얼마나 큰 충격에 빠뜨렸는지를 잘 보여준다.

고대인만 그랬던 것은 아니다. 이 무리수가 무엇인지는 19세기 말에 들어와서야 제대로 이해하기 시작했기 때문이다.

종이접기 대 자와 컴퍼스

종이접기 이야기를 좀 더 해보자. 수학자들은 종이접기 기술에도 관심
이 많으니 말이다. 고대 그리스인은 자와 컴퍼스 없이는 도형을 그리지
않았다. 이는 가장 단순한 기하도형인 원과 직선만을 이용했다는 뜻이
다. 하지만 종이를 접어서 만들 수 있는 도형에는 어떤 것이 있는지 생
각해보는 것도 아주 재미있을 것이다. 예쁜 종이접기도 덤으로 얻을 수
있고 말이다.

　종이접기를 이용하면 자와 컴퍼스를 이용할 때보다도 더 많은 것을
할 수 있다. 어째서 그럴까?

자를 이용하면 두 점을 잇는 직선을 그릴 수 있다. 종이접기도 마찬가지다. 그 두 점을 지나도록 종이를 접으면 자를 이용해서 그린 것과 정확히 일치하는 직선을 얻을 수 있다.

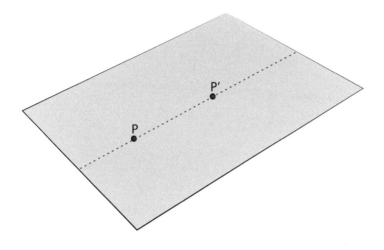

컴퍼스로는 원을 그릴 수 있지만 종이접기로는 원을 얻을 수 없다. 하지만 컴퍼스의 기능에는 원을 그리는 것 외에 어떤 길이를 이동시키는 것도 있는데, 이것은 종이접기로도 가능하다. 이동하려는 길이가 한 선분이라면, 그 길이를 이동하려는 곳과 이 선분이 겹치도록 종이를 접어주기만 하면 된다.

예를 들어, P'에서 P"까지의 거리가 P'과 P의 거리와 같도록 직선 d 위에 점 P"을 찍는다고 생각하자. 고전적 도구를 사용하면 컴퍼스를 집어 P'에 놓고 P'과 P의 거리를 찍은 뒤 직선과 만나도록 호를 그리면 된다. 하지만 P'을 지나면서 동시에 P가 직선 d와 겹치도록 하는 선을 따라 종이를 접는 방식으로도 찾고자 했던 똑같은 점 P"을 찾을 수 있다.

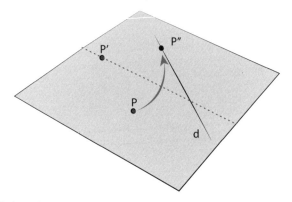

이렇게 종이접기로 자와 컴퍼스를 효과적으로 대체할 수 있다.

또 다른 예로, 선분의 중점을 찾는 것도 아주 간단하다. 선분의 양 끝점이 서로 겹치도록 종이를 접으면 된다. 이렇게 하면 심지어는 선분의 수직이등분선까지도 구할 수 있다. 접힌 선이 바로 선분에 수직으로 선분의 중점을 지나는 직선이기 때문이다.

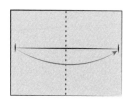

하나의 각을 두 개의 동일한 각으로 나누는 것, 즉 각 이등분선을 그리는 것은 어떨까? 각의 두 반직선이 서로 겹치도록 접으면 된다.

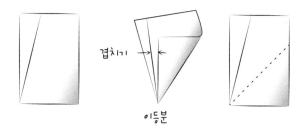

선분 AB를 가지고 정삼각형을 그리려면 먼저 점 A와 B가 겹치도록 접은 뒤 다시 펼친다. 이제 선분의 두 끝점 중 하나를, 예컨대 점 A를 방금 전에 접은 선과 겹치도록 하되 이때 새로 접는 선이 선분의 다른 끝점(여기서는 B가 된다)을 지나도록 한다. 이렇게 접었을 때 A가 위치하는 곳이 바로 정삼각형의 세 번째 꼭짓점인 C의 위치가 된다.

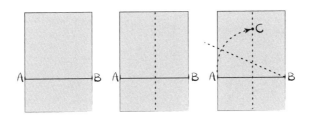

이뿐만이 아니다. 종이접기를 이용하면 자와 컴퍼스만을 이용해서는 그리기 불가능한 도형도 만들 수 있다. 그리스인들이 제기한 가장 유명한 문제들 중 하나인 '각의 삼등분선' 작도를 예로 들어보자. 이는 하나의 각을 세 개의 동일한 각으로 나누는 것이다. 각도기를 이용하면 대략 어렵지 않게 할 수 있다. 각도를 측정해서 3으로 나누면 된다.

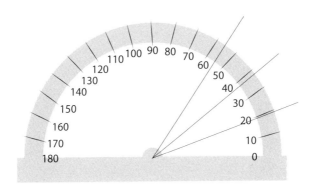

삼등분한 57° 각: 57/3 = 19°. 19°와 38°(2×19) 각을 그리기만 하면 된다.

하지만 자와 컴퍼스를 이용해서는 이 각을 절대 그릴 수 없다. 여기서 주의할 것은 이는 단순히 아직까지 성공한 사람이 없다는 말이 아니라 정말로 그 누구도 할 수 없다는 것을 증명할 수 있다는 뜻이다.

반면 종이접기로는 이보다 더 간단할 수가 없다(혹은 거의 그렇다). 종이의 가장자리에 삼등분하고자 하는 각을 그린다(각의 한쪽 반직선이 종이의 가장자리가 되도록). 종이의 가장자리가 각의 다른 반직선과 겹치도록 하면 이는 각을 이등분한 것이다. 그런데 이 가장자리를 왕복으로 움직이되, 이때 접는 선 하나는 각의 다른 반직선과 겹치고, 또 다른 접는 선은 종이의 가장자리와 겹치도록 솜씨를 발휘하여 조심히 접어주면 각이 삼등분된다.

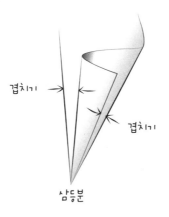

이게 다가 아니다. 자와 컴퍼스로는 모든 변의 길이가 같고 모든 내각의 크기가 같은 다각형인 정다각형의 모든 종류를 그릴 수는 없다. 물론 자와 컴퍼스로도 정삼각형과 정사각형, 정오각형(오변), 정육각형(육변) 등 꽤나 많은 정다각형을 그릴 수 있다. 하지만 예컨대 일곱 개의 변으로 그리는 '정칠각형'은 그릴 수 없다.

하지만 이 경우도 종이접기로는 가능하다.

먼저 정오각형부터 시작하자. 자와 컴퍼스로는 그리 쉽지 않지만 종이접기로는 정오각형을 몇 초면 충분히 만들 수 있다. 종이로 된 띠를 가지고 매듭을 만든다(아래 그림에서 3단계).

종이 띠가 찢어지지 않도록 조심하면서 납작하게 펴준다. 그러면 빠르고, 간단하게, 효과적으로 아주 멋진 정오각형이 나온다.

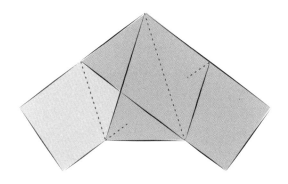

그렇다면 정칠각형은 어떨까? 훨씬 더 가는(혹은 더 긴) 종이 띠를 이용하면 된다. 매듭을 한 번 더 거치면서 두 변이 더해진다(4단계).

오각형보다는 덜 간단하고 덜 빠르지만, 여전히 아주 효과적이다. 이론적으로는 이렇게 우리가 원하는 만큼 얼마든지 두 변을 계속 더해나갈 수 있다.

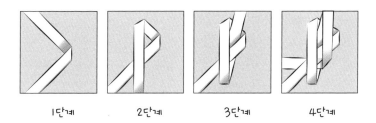

|1단계|2단계|3단계|4단계|

유클리드의 《원론》

이 책은 오랫동안 전 세계 모든 교양인과 수학자에게 빼놓을 수 없는 필독 서적이었으며 지금도 여전히 그러하다. 그리스에서 기원전 300년경에 쓰인 이 책은 전 인류 역사에서 성경 다음으로 가장 많이 출판된 책이기도 하다.

이 책이 이렇게 중요한 이유는, 수학적으로 새로운 내용을 담고 있어서가 아니라 그 내용을 소개하는 방식이 아주 새로웠기 때문이다. 모든 명제가 증명과 함께 나오기 때문에 결과를 확신할 수 있다. 이 명제 혹은 저 명제가 왜 참인지를 말이다. 대부분 수학자가 아닌 사람들은 '그림으로 확인이 되는데' 왜 굳이 증명에 시간을 쏟는지 이해하지 못한다. 하지만 그림에서 보이는 것이 때로는 완전히 틀릴 때도 있다는 것을 경험으로 알 수 있다.

《원론 *The Elements*》에서 새롭게 등장하여 그 이후 수학의 고전이 된 이 원칙은, 'A = B이고, B = C이면, A = C이다'처럼 기본적으로 주어지는 논증의 목록을 제시하면서 시작한다. 또한 'A와 B라는 두 점이 있으면 선분 AB를 그릴 수 있다'와 같이 가능한 작도의 목록도 있다.

이런 것을 공리라고 하는데, 공리란 증명할 필요 없이 자명하게 참이라고 가정하는 기본명제다. 주의해야 할 것은, 공리가 일단 주어지면, 모든 새로운 명제는 이 공리에서 출발한 논증의 연속으로 귀결될 수 있어야 한다는 것이다. 이는 가능한 한 가장 정직하면서도 설득력 있는 방식으로서 유클리드는 어떤 의미에서는 다음과 같이 말하고 있는 것이다. "이것들이 내가 참이라고 가정하기로 선택한 것들이다. 당신이 이 공리에 동의한다면 더 이상 선택의 여지가 없다. 이로부터 비롯된 여기에 소개된 모든 결과에 동의해야만 한다."

평면기하학에 대한 공리는 다섯 가지뿐이다.

1. 두 개의 점을 잇는 직선은 '하나'다.
2. 선분은 직선으로 무한히 연장할 수 있다.
3. 두 개의 점으로부터 하나의 원을 그릴 수 있다(한 점은 중심이 되고, 두 점 사이의 거리가 반지름이 된다).
4. 모든 직각은 서로 같다(이 공리는 이상해 보일 수 있으나 유클리드가 직각에 대해 내리고 있는 정의를 고려하면 꼭 필요하다).
5. 주어진 직선에 평행하면서 그 직선 밖에 주어진 한 점을 지나는 직선은 단 하나만 존재한다.

《원론》1권에서는 이 공리만을 이용하여 수많은 명제를 증명했고, 그중 마지막은 그 유명한 피타고라스의 정리다.

이러한 과정은 언제나 표본으로 남아 있으나 선정하는 공리는 다양하게 변화할 수 있다. 예컨대 종이접기로부터 이끌어낸 공리를 세우지 못할 것도 없다. 실제로 1990년대 이래 그렇게 되면서 종이접기로 만들 수 있는 것과 만들 수 없는 것을 진지한 기하학이론을 통해 알아낼 수 있게 되었다.

포장하기와 포장 풀기

책은 다른 사물에 비해 얼마나 포장하기 쉬운지 생각해본 적 있는가? 예를 들어 공처럼 생긴 사물은 대개 잔뜩 구겨진 종이에 여기저기 포장이 찌부러지게 마련이지만 책은 그렇지 않다. 물론 당연하다고 생각할 수도 있다. 책은 평평한 반면 공은 둥그니까. 하지만 평평하지 않은데도 포장하기 쉬운 것들도 있다.

원통을 떠올려보자. 원통과 같은 면은 '전개가능' 곡면이라 불린다. 즉, 평평하게 펼칠 수 있다는 것이다. 원뿔은 그에 대한 또 다른 예로,

평평한 종이를 구기지 않고서도 그 형태를 만들 수 있다. 거꾸로 말해서 종이로 된 이런 형태를 상상하면 가위질 한 번으로 그 형태를 펼쳐서 평평하게 만들 수 있는 것이다. 반대로 전개 가능하지 않은 면은 그럴 수 없다. 주변에 보이는 사물을 포장하려고 할 때 전개가능 곡면이 그리 흔치 않다는 것을 확인할 수 있을 것이다. 평면으로 된 조각은 당연히 포함되고(하지만 모퉁이에 주의해야 한다. 모두 알다시피 책을 선물하려고 포장할 때 까다로운 부분이 바로 그 부분이지 않은가!), 원통, 원뿔, 그리고…… 정도가 거의 전부다!

세계를 평평하게 표현할 때 지도 제작자를 골치 아프게 하는 문제가 바로 여기에서 비롯한다. 지구가 완벽한 구형은 아니지만, 대략 구와 비슷한 형태이기 때문이다. 그런데 구(공, 오렌지 등)를 종이로 포장하려고 하면 거의 도처에 접히는 곳이 생기면서 그 즉시 구는 전개할 수 없다는 것을 알 수 있을 것이다. 따라서 왜곡 없이 지구를 평면에 표현하는 것은 불가능하다.

1장에서 소개한 실험도 떠올려보자. 작은 오렌지 껍질 조각을 평평하게 펼치는 것은 별로 문제가 안 되지만 큰 껍질 조각은 찢지 않고서는 불가능하다. 그 이유는 구 위에서는 이상한 일이 벌어지기 때문이다. 사인펜으로 오렌지 위에 아주 특이한 삼각형을 그려보자. '적도'에서 출발하여 북극으로 올라 간 뒤, 직각으로 돌아서 다시 적도까지 내려온다. 그리고 적도를 따라 처음 출발점으로 돌아온다. 방금 당신이 그린 이 삼각형은…… 세 개의 내각이 모두 직각이다. 당연히 평면 위에는 결코 그릴 수 없다.

'일반적인' 삼각형 내각의 합은 항상 180도다. 하지만 이 괴물 같은 삼각형은 3×90도, 즉 270도다. 이렇게 '구면' 삼각형의 내각의 합은 항상 180도보다 크다. 그 값이 항상 일정한 것도 아니고, 삼각형의 크기가 커질수록 내각의 합도 커진다. 이를 통해, 작은 육지 지역에 대한 지도는 거의 정확할 수 있지만 지구상의 넓은 부분에 대한, 혹은 전 지구에 대한 지도는 심하게 왜곡될 수밖에 없다는 것을 다시 한 번 확인할 수 있다.

그렇다면 지구 표면을 평면에 그리려면 어떻게 해야 할까? 첫 번째 아이디어는 지구 중심에 전등이 있어서 그 빛이 밖으로 비치면서 전개

가능 곡면에 지도가 투사된다고 상상하는 것이다. 전개가능 곡면은 원통, 원뿔, 다면체일 수도 있고, 혹은 평면에 바로 투사할 수도 있다.

이렇게 지도의 그림자가 이 면에 투사되면 그다음에는 문제없이 펼칠 수 있다.

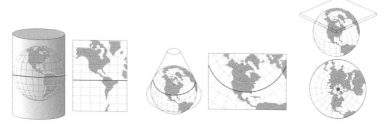

어떻게 하면 세계를 평면에 표현할 수 있을까?

물론 그 과정에서 모든 것, 혹은 거의 모든 것이 왜곡되고 만다. 예를 들어 지구를 원통 안에 넣는다면, 적도에 평행한 모든 원은 원통 위에 같은 크기의 원으로 투사된다. 실제로는 아주 작은 크기인 극지방에 가까운 것들마저 말이다. 사실 이 경우 왜곡되지 않은 유일한 원은 적도 하나뿐이다.

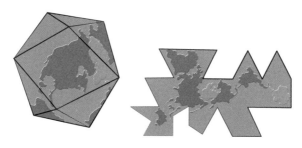

다면체에 투사한 뒤 펼친 것. 왜곡이 훨씬 적고
왜곡이 일어난 부분도 거의 모든 곳에 고르게 분포한다.

회전하는 직선!

판지로 된 같은 크기(지름 10cm 정도)의 원판 두 개와 끈을 준비하세요. 두 원판을 서로 접한 뒤 둘레를 빙 둘러 두 원판에 한꺼번에 구멍을 뚫어주세요. 그다음 끈으로 두 원판을 '엮어서' 연결하되 나중에 서로 멀리 떨어뜨려 놓을 수 있도록 충분히 느슨하게 해주세요.

준비가 다 되었습니다. 이제 두 원판을 떼어놓되 서로 평행이 잘 유지되도록 하고, 연결 끈이 모두 팽팽하게 당겨지도록 해주세요(그림 a). 이렇게 하면 우리가 쉽게 상상할 수 있는 원통의 '뼈대'가 됩니다. 원통 전체를 얻으려면 연결 끈과 같은 방향의 직선이 원판의 중심축을 중심으로 하는 원을 따라가며 원판 사이를 지나도록 하면 됩니다. 이렇게 직선을 움직여서 얻을 수 있는 곡면을 '선직면'이라고 합니다. 원뿔도 선직면인데, 두 원판을 서로 반대 방향으로 돌리면 쉽게 이해할 수 있습니다. 모든 연결 끈이 두 원판 가운데에서 교차하면서 꼭짓점끼리 맞붙은 두 개의 원뿔이 만들어집니다(그림 c). 놀랍지도 않지요?

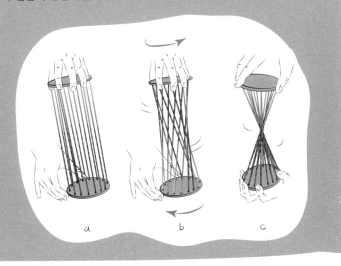

돌리던 움직임을 멈추세요(b). 이때 얻는 곡면 역시 팽팽하게 당겨진 연결 끈, 즉 직선으로 경계가 정해지는 면이므로 선직면입니다. 하지만 이 선직면은 곡면으로서 종이를 찢거나 구기지 않고서는 절대 포장할 수 없습니다. 이 곡면은 '회전쌍곡면'이라는 것인데, 예외적인 경우는 아닙니다. 이것 말고도 전개할 수 없는 선직면이 많으니까요.

5
혼잡한 도시를
깔끔하게 정리하는 수학

이제 도시로 가보자. 수많은 거리에는 서로 오가며 부딪치는 사람들과 많은 자동차, 그리고 라디오, 전화 등 신호 중계에 필요한 갖가지 안테나, 뒤섞여 있는 전선, 수도관, 가스관 등…… 따지고 보면 이런 난장판이 또 있을까!

수학자라면 분명 이 번잡함을 어떻게 정리할 것인지 방법을 생각할 것이다. 전력망을 효율적으로 설계하여 정전을 줄이는 방법, 쓸데없는 교통량을 줄여 교통체증을 해결할 방법 등을 말이다. 대체 어느 누가 수학자는 현실적인 문제에 관심이 없다고 했단 말인가?

도시와 그래프

수학에는 이런 많은 문제를 해결하는 아주 훌륭한 분야가 있다. 바로 그래프 이론이다. 처음 들어보는 단어라고 해도 걱정할 것 없다. 그래프는 아주 간단한 것으로 선으로 연결된 점을 말한다. 수학에서는 좀 더 진지하게 이를 변과 꼭짓점이라고 한다.

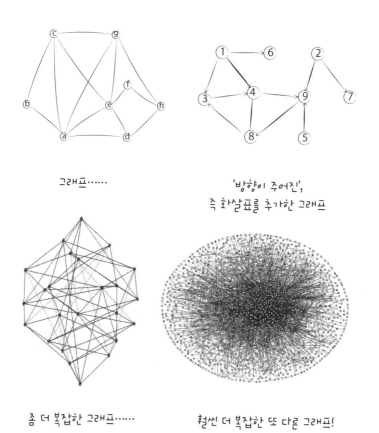

그래프⋯⋯

'방향이 주어진',
즉 화살표를 추가한 그래프

좀 더 복잡한 그래프⋯⋯

훨씬 더 복잡한 또 다른 그래프!

- 거리는 각 사거리가 꼭짓점이고 각 도로를 변으로 하는 그래프다.
- 전력망은 각 변압기, 각 전력생산소가 꼭짓점이고 이들을 연결하는 각각의 전선이 변이다.
- 인터넷은 각각의 페이지가 꼭짓점이고, 두 페이지 간의 링크가 변이다.

이런 그래프는 도처에서 볼 수 있다.

여기서도 마찬가지로 우리가 관심 있는 것은 서로 다른 여러 문제를 하나의 동일한 수학이론으로 해결하는 것이다. 예를 들어 많은 종류의 네트워크에서 고장에 대한 문제가 제기된다. 무작위로 몇 군데의 변을 차단(전선이 끊어짐)했을 때 그래프의 나머지 부분과 연결되지 못한 채 차단된 곳은 어디인가? 예를 들어 전력망에서 전선이 하나 끊어졌다고 많은 사람이 전기를 공급받지 못하는 일은 없어야 한다.

하지만 테러와 같은 고의적인 공격은 조금 다르다. 이 경우는 무작위로 차단할 곳을 선택하는 것이 아니라 차단될 가능성이 있는 곳을 잘 선택하여, 선택된 꼭짓점이나 변이 파괴된 이후의 그래프 상태를 연구해야 한다. 예를 들어 인터넷상에서 큰 혼란을 일으키려는 사람이라면 검색 엔진이나 중요한 정보저장소, 메신저 등 다른 페이지와 강하게 연결되어 있는 페이지를 가장 먼저 목표로 정할 것이기 때문이다.

네트워크 관리자가 해결해야 할 다양한 문제 중 가장 흔히 제기되는 문제는 다음과 같다. 어떻게 하면 케이블의 길이를 최대한 절약하면서도 네트워크의 신뢰성을 보장할 수 있을까?

수도, 전기, 집, 그래프

그럼 이제 지금까지 본 것과는 아주 다른 문제를 살펴보자. 훨씬 더 단순해서 어쩌면 직접적인 유용성은 덜할지 모르지만, 그래도 아주 중요한 문제다.

아주 유명한 이야기가 있다. 꾸며낸 이야기라서 실제로는 절대로 이 이야기에서 소개하는 형태의 문제가 주어지지는 않지만 그 해결법은 현실에서도 아주 유용하다.

두 집에 수도와 전기를 공급한다고 가정하자. 단, 이 세상은 평면(2차원)에 존재하기 때문에 지하도를 뚫을 수는 없다.

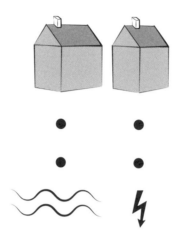

이와 같은 배치에서 각각의 공급원(수도와 전기)을 각 집에 곧바로 연결하면 다음과 같은 결과를 얻는다.

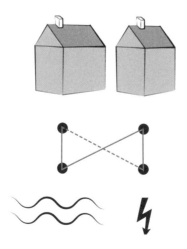

수도관이 전선과 교차한다! 위험하므로 조심해야 한다.

하지만 빠져나갈 방법은 있다. 한 집의 위치를 옮기거나 케이블 하나를 크게 우회하게 하는 것이다.

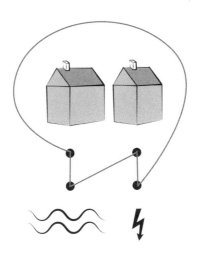

두 경우 그래프는 모두 동일하다. 같은 점을 같은 방법으로 연결했기 때문이다. 그리고 더 이상 교차점도 나오지 않는다. 그럼 이제 세 집에 가스관을 추가한 문제를 생각하자. 위험하므로 단 하나의 교차점도 없어야 한다. 우선 자세히 생각하지 말고 단순히 따져보면 아홉 개 교차점이 나올 것이다.

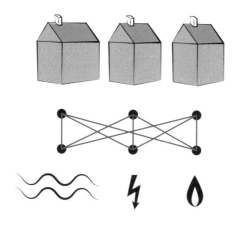

가스에 물이 들어가 버린다.

첫 번째 상황과 다르게 집이 세 채일 때는 빠져나갈 방법이 없다. 아무리 집이나 생산소를 이리저리 옮겨보고 케이블이나 관을 온갖 방향으로 꼬아보아도 최소 하나의 교차점이 발생할 수밖에 없기 때문이다. 이것은 이미 100년도 더 이전부터 다양한 방법으로 증명되었다.

이렇게 그래프에는 두 종류가 있다. 평면 위에 교차점 없이 그릴 수 있는 '평면 그래프'와 그것이 불가능한 '비평면 그래프'다.

평면 그래프에는 공통적으로 그 유명한 '오일러 관계'가 적용된다. 이것이 무슨 뜻인지 우선 아주 단순한 그래프를 가지고 생각해보자.

이 그래프는 두 개의 꼭짓점과 한 개의 변으로만 이루어져 있다. 이 그래프를 확대하기 위해 꼭짓점을 하나 추가해서 이 새 꼭짓점과 원래의 그래프를 새로운 변 하나로 이어줄 수 있다.

꼭짓점과 변을 각각 하나씩 추가한 것이다. 이런 식으로 추가하면 꼭
짓점의 개수는 항상 변의 개수보다 하나 더 많을 것이다. 이는 새로운
꼭짓점을 추가하여 기존의 꼭짓점에 연결하는 한 언제나 성립한다. 그
런데 반대로 기존의 꼭짓점 두 개를 연결하는 새로운 변 하나를 추가
하면 어떨까?

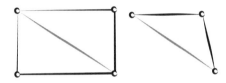

이 경우 변을 하나 추가하더라도 꼭짓점의 개수는 늘어나지 않지만
새로운 '면', 즉 변으로 둘러싸인 평면조각이 자동적으로 나타난다. 왼
쪽 그래프의 보라색 변처럼, 새로운 변이 기존에 있던 면을 둘로 나누어
그렇게 될 수도 있고, 혹은 새로운 변이 그 전까지 그래프의 밖에 있던
어떤 새로운 구역을 가두어 그렇게 될 수도 있다(오른쪽 그래프).

요약하자면 변을 하나 추가할 때마다 꼭짓점 하나가 추가되거나 혹
은 면이 하나 추가된다. 따라서 면의 개수와 꼭짓점의 개수의 합은 항상
변의 개수보다 1만큼 더 크다. 이는 바로 처음에 본 작은 그래프에서 관
찰한 내용이기도 하다(변 1개, 꼭짓점 2개, 면 0개). 어떤 그래프를 그리든
지 변 하나로 시작해서 점차 추가하면 된다.

그래서 오일러 관계를 정리하면 다음과 같이 적을 수 있다.

$$\text{꼭짓점(V)의 개수 + 면(F)의 개수 - 변(E)의 개수} = 1$$

보통은 다음과 같이 더 간결한 형식으로 주어진다.

$$V - E + F = 1$$

교차점 없는 그래프를 직접 그려보면 그 어떤 그래프든 이 관계식이 항상 참이라는 것을 당장 확인할 수 있다.

주의해야 할 것은 두 변이 서로 교차하도록 그리면 우리가 앞에서 보인 모든 것이 수포로 돌아간다는 것이다. 교차점이 생기면 새로 만들지는 면의 개수를 정확히 말하기 어렵기 때문이다. 하지만 모든 평면 그래프에는 위의 관계식이 성립한다.

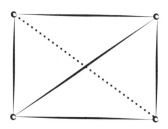

점선으로 표시한 새 변을 그렸을 때 추가된 면의 개수는 몇 개인가?

또한 오일러 관계로 앞에서 본 세 채의 집 문제는 답이 없다는 것이 증명된다. 그 그래프에는 이 유명한 관계식이 성립하지 않기 때문이다(조금 익숙해지면 서로 중첩하는 면의 개수를 세어볼 수 있다).

어떤 그래프가 평면 그래프인지 아닌지를 확인하는 방법은 이 외에도 다양하며, 어떤 상황에서는 그것을 확인하는 것이 아주 중요할 수 있다. 기판 위에 설치하는 전기회로가 서로 교차해서는 안 되는 인쇄 회로기판을 생각해보라.

수학을 이용한 독심술 트릭!

여러분이 마술사라고 가정하고 청중에게 다음과 같은 그래프(큰 종이에 옮겨 그린 것)를 보여주세요.

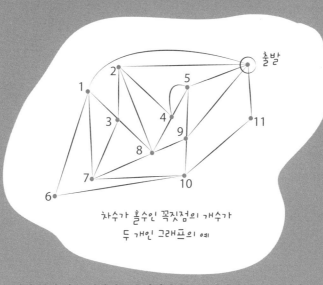

차수가 홀수인 꼭짓점의 개수가
두 개인 그래프의 예

그림과 같이 한 꼭짓점에는 출발점이라고 표시되어 있고, 나머지 꼭짓점에는 번호가 매겨져 있습니다. 청중 가운데 한 사람에게 '출발'점에서 시작해서 원하는 대로, 하지만 같은 변을 두 번 지나지는 않으면서 모든 변을 지나가라고 주문하세요. 실수나 이의제기를 피하기 위해 가장 간단한 방법은 그 사람에게 사인펜을 주고 본인이 선택한 경로를 따라 그리도록 하는 것입니다. 변을 따라가다가 어느 한 꼭짓점에서 막히면 멈추어야 합니다. 시작하기 전에, 여러분은 종이 위에 번호를 하나 적고 그 종이를 접어서 테이블 위에 잘 보이도록 놓아두세요. 따라 그리기가 끝나면 이제 그 사람이 위치하는 꼭짓점의 번호가 나올 것입니다.

이제 여러분이 미리 적어놓은 번호를 또 다른 사람에게 읽으라고 시키세요. 같은 번호가 나왔죠!

어떻게 하면 이런 마술을 부릴 수 있을까요?

비밀은 바로 차수가 홀수인 꼭짓점, 즉 연결된 변의 개수가 홀수인 꼭짓점이 정확히 두 개가 포함된 그래프를 그리는 것입니다. 그러고 나서 그 두 개의 꼭짓점 중 하나를 출발점으로 정하고, 나머지 번호 하나를 시작하기 전에 기억해두기만 하면 됩니다. 따라 그리는 경로는 언제나 이 나머지 한 꼭짓점에서 끝날 것입니다.

따라서 위의 예시에서 모든 경로는 연결된 변의 개수가 5인 8번 꼭짓점에서 끝날 것입니다. 왜일까요?

연결된 변의 개수가 2인 꼭짓점(우리가 사용한 그래프에서는 6번이나 11번 꼭짓점)을 관찰해 보세요. 연결된 두 변 중 하나를 통해서 이 꼭짓점에 도달하면 거기서 빠져나갈 나머지 다른 하나의 변이 항상 존재합니다. 따라서 이 꼭짓점에서 막히는 일은 있을 수 없다는 것이지요.

왼쪽 변으로 도착해서 오른쪽 변으로 나가든 그 반대이든⋯⋯
이 꼭짓점에서 꼼짝 못하는 일은 있을 수 없다.

이는 연결된 변의 개수가 짝수인 모든 꼭짓점도 마찬가지입니다. 들어오는 각 변에 대해 나가는 변이 늘 존재합니다. 그러므로 이런 꼭짓점은 필연적으로 지나가는 점이지 막다른 길이 될 수 없습니다. 이곳에서 막혀 나가지 못하는 일은 불가능하니까요!

연결된 변의 개수가 짝수일 때:
나가는 모든 경로에 대해 돌아오는 경로가 가능하다!

반대로, 연결된 변의 개수가 홀수인 꼭짓점이면서 경로의 시작점이 아닌 곳은, 몇 번의 왕복 후에는 그래프의 나머지 부분과 연결하는 변이 단 하나밖에 남지 않습니다. 어느 순간이 오면 그 한 변을 지날 수밖에 없고, 그러고 나면 이 막다른 길에서 꼼짝할 수 없는 것이지요!

여기서 통과하는 순서는 중요치 않다.
두 번의 왕복 이후에는 이용할 수 있는 변이 하나밖에
남지 않으므로…… 이곳은 막다른 길이다!

일단 원칙을 한번 이해하고 나면 매번 새로운 그래프로 몇 번이고 반복해서 이 트릭을 보여줄 수 있습니다. 게다가 조금만 침착하게 한다면 준비 없이 새로운 그래프를 그리는 것 또한 일도 아닐 것입니다!

최선의 선택이 꼭 좋은 것만은 아니다

'여기 이 길을 폐쇄하면 분명 교통상황이 좀 더 정리될 것이다!'

모순이라고? 하지만 그럴 수 있다. '브라에스의 역설' 이야기다. 이 독일 수학자(1938년 출생)는 1968년에 이론적으로 그런 상황이 발생할 수 있다는 것을 발견했다. 어떻게 그럴 수 있을까? 두 도시를 잇는 두 개의 도로를 상상하자. 한 도로는 전반부는 폭이 좁아서 통행량이 늘어날수록 혼잡해져 속도는 느려지지만 완전히 직선도로이고, 후반부는 도로 폭은 더 넓어서 통행은 훨씬 원활하지만 우회로다. 다른 하나의 도로는 그 반대다. 전반적으로는 둘 중 어떤 도로를 선택하든 걸리는 시간은 동일하다. 따라서 각 도로를 이용하는 자동차의 수는 거의 비슷하다.

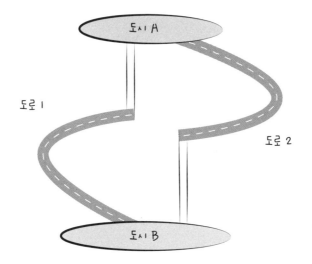

그럼 이제 이 두 도로의 가운데 지점에 둘을 연결하는 아주 빠른 도로 구간을 건설한다고 생각해보자. 그러면 모든 사람이 같은 길, 즉 두 도로의 직선구간을 이용하는 최단 경로로 가고자 할 것이다!

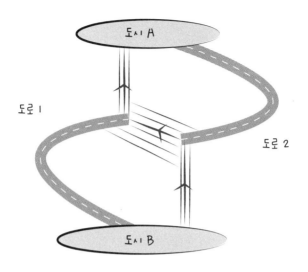

하지만 그 경로에 교통량이 과하게 몰려 통행속도가 어마어마하게 느려질 것이다. 그래도 이 경로의 소요 시간이 더 넓은 우회로를 이용할 때 걸리는 시간을 넘지 않는 한 모두 이 길을 계속 이용할 것이다. 그러다 보면 결국 모든 이의 이동시간이 더 길어질 수도 있는데 말이다.

물론 모든 경우가 이에 해당하는 것은 아니다. 새로운 도로를 개통하면 모든 사람이 시간을 아낄 수 있는 경우가 더 많다. 하지만 수학자들이 사용한 모델에서는 최악의 경우 도로 하나를 개통하면 집단 이동시간이 4/3(약 1.33)배나 증가시킬 수도 있다는 것이 증명되었다. 새 구간을 건설하기 전에 모든 사람의 이동시간이 1시간이었다면 건설 후에는 이 시간이 이론적으로는 1시간 20분에 달할 수도 있다는 것이다. 이런 극단적인 상황에서 해결책은 하나밖에 없다. 즉 새 구간을 다시 차단하는 것이다.

하지만 이 상황이 불합리하다고 느낄 수도 있다. 다시는 저 새 연결

구간을 이용하지 않기로 모두 동의하기만 하면 이동시간이 다시 한 시간으로 감소할 테니 말이다. 하지만 이는 안정적이지 못하다. 운전자 개인들에게는 약속을 지키는 것보다 시간을 절약하는 것이 이득이기 때문이다. 다른 사람들이 약속을 지키는데 당신만 혼자 새 구간을 이용한다면 실제로 시간을 아낄 수 있다.

즉 집단의 이익과 개인의 이익이 대립하는 것이다. 그리고 반대로 모든 사람이 이미 새로운 길을 이용하고 있을 때는 혼자만 바꾸어봤자 시간만 버릴 뿐이다. 따라서 다른 모든 사람이 다 같이 옛날 길을 이용하지 않는 한 어느 누구도 옛 길을 이용하려 하지 않을 것이다. 최선의 상황은 아니지만 안정적인 상황인 것이다.

위대한 발견

게임이론과 내시 균형: 죄수의 딜레마
어떻게 한 집단의 사람들이 단체로 모두에게 불리한 것을 선택할 수 있을까?

이것은 수학의 한 분야인 '게임이론'에서 잘 알려진 상황이다. 이 분야는 점차 진짜 게임과는 거리가 먼 주제를 다루지만 그래도 여전히 선택으로 이득을 보거나 보지 못하는 사람들(혹은 동물, 식물, 집단……)의 이야기가 등장한다.

예를 들어 어떤 동물들 사이에서는 종종 사냥 영역을 넓히려고 싸움이 벌어지기도 한다. 에너지도 많이 들고 위험부담도 큰데 말이다.

경제학에서는 경쟁을 할지 아니면 피할지, 고객을 늘리기 위해 가격을 내릴지 말지 선택하는 것을, 그로 인해 돈을 벌거나 잃는 여러 기업 간의 '게임'으로 바라본다.

이렇게 두 명의 플레이어가 서로를 상대로 여러 번 '플레이'하다 보면 플레이하는 방식인 '전략'을 수립한다. 마찬가지로 자동차 이동경로도 며칠 지나다 보면 두 도로 중 한 곳이 더 빠르다는 것을 확인하고 각자 자신이 선택한 경로만을 주로 이용한다.

수학자 존 내시는 이런 종류의 상황에 대해 '균형'이라는 개념을 도입했다. 어느 정도 시간이 지나면 누구도 더 이상 전략을 바꾸지 않는다는 것이다. 하지만 이 균형이 과연 모두를 위한 최선인지는 장담할 수 없다. 이 아이디어를 간략하게 보여주는 가장 유명한 이야기가 바로 '죄수의 딜레마'다.

경찰이 두 명의 공범을 체포했는데 이들을 오랫동안 감옥에 가두어 놓을 만한 충분한 증거가 없다. 그래서 죄수들에게 따로따로 다음과 같은 거래를 제안한다.

"당신이 친구의 범죄를 고발하는데 친구는 다행히도 당신의 범죄를 고발하지 않는다면 당신을 당장 풀어주겠다. 친구는 당신이 고발한 내용이 증거가 되어 징역 10년형을 받을 것이다. 단 반대의 상황이라면 당연히 처벌도 반대가 될 것이다. 만약 서로 상대방을 고발하면 두 사람의 증거가 나오므로 두 사람 모두 징역에 처해질 것이나, 고발한 것을 참작하여 그 기간은 5년에 그칠 것이다. 마지막으로 두 사람 모두 아무 말도 하지 않으면 증거 불충분으로 둘 다 6개월 후에 풀려날 것이다."

이 이상한 조정은 주로 다음과 같은 표 형식으로 요약된다.

용의자 1 \ 용의자 2	부 인	자 백
부 인	(-0.5, -0.5)	(-10, 0)
자 백	(0, -10)	(-5, -5)

두 죄수 중 한 명의 입장에서 생각해보자. 친구가 아무 말도 하지 않는다면 자신은 말하는 것이 이득이다. 6개월 동안 감옥에 갇혀 있지 않고 바로 나갈 수 있으니까 말이다! 반대로 친구가 범행을 말한다면 상황은

더 나빠진다. 그 자신 역시 범행을 고발한다면 5년만 있으면 되는 것에 비해 말하지 않으면 10년을 갇혀 있어야 하기 때문이다. 따라서 두 상황 모두 가장 좋은 선택은 자백하는 것이다.

하지만 두 죄수가 모두 이렇게 생각하면 둘 다 5년을 감옥에 있어야 한다. 두 사람이 모두 아무 말 하지 않는다면 둘 다 6개월 만에 나갈 수 있는데도 말이다.

이 상황은 관계된 사람의 수가 더 적긴 하지만 브라에스의 역설을 잘 보여준다. 각자에게 이득이 되는 선택을 하면 모두에게 덜 좋은 결과를 초래한다.

이렇게 개인의 합리적인 선택은 집단의 이익에 반할 수 있으므로 집단의 이익을 위해서는 외부의 힘으로 강제할 수밖에 없다.

같은 종류지만 좀 더 낙관적인 이야기도 있다. 서로 돕는 것이 개인에게 이득이 되는 경우도 있다는 것이다. 이 경우에는 서로 돕는 것이 계속 장려될 것이다. 다행히도 모든 사람이 항상 자신의 개인적 이익만을 생각하는 것은 아니라는 사실은 차치하고서라도 말이다.

도시의 수학자

1969년 독일의 도시 슈투트가르트에 교통체증을 해결해줄 새로운 도로축이 개통되었다. 그런데 얼마간 시간이 지난 뒤, 교통상황이 오히려 악화된 것을 확인한 시장은 이를 다시 폐쇄하기로 결정했고 실제로 그 결정은 확실히 상황을 정리했다. 막대한 시간과 돈 낭비가 아닐 수 없다. 하지만 이것이 직접적으로 브라에스의 역설 때문이라고 말할 수 있을까? 이런 상황은 극도로 복잡하고, 또 실제로 벌어지는 일을 정확하게 기술하기란 사실 아주 어렵다. 이론이 도움을 줄 수는 있으나 그것만으로 확실한 답을 내리기는 어렵기 때문에 실제 테스트가 필요하다. 하지만 이런 종류의 현상이 일어날 수 있다는 것을 아는 것만으로도 사고방식에 변화를 줄 수 있다. 예를 들어 뉴욕에서는 일부 거리구간을 폐쇄하면 교통상황이 개선되리라는 것을 이론적으로 예측하였다.

실제로 테스트한 결과 교통흐름이 정말로 더 원활해졌지만, 예측한 정도에는 미치지 못했다. 어쨌든 해당 구간은 결국 폐쇄했는데, 이는 이 이론이 없었다면 아마 누구도 생각하지 못했을 결정이다.

이런 종류의 문제에 대해 수학이론에서 현실의 모든 요소를 고려하는 것은 불가능하다. 컴퓨터를 이용하면 더더욱 그렇다. 도로망 외에도 보행자나 운전자 혹은 자전거 이용자들의 다양한 이동경로, 예측 불가능한 멈춤, 교통체증 등을 모두 고려해야 하기 때문이다.

수학자는 현실 상황을 그대로 기술하기보다는 모든 일이 우연하게 발생하는 것이라 가정하고 확률을 이용하는 것을 선호한다. 그러면 계산이 아주 단순해져 만족스러운 결과를 얻을 수 있다.

이런 실용적인 문제를 해결하기 위한 온갖 연구 분야가 출현했는데, 예컨대 대기행렬이론은 다양한 문제의 해법을 찾는 데 이용할 수 있다.

- 각 신호등의 빨간불이 켜져 있는 시간에 따라 자동차들이 늘어서는 줄의 길이는 어떻게 될까?
- 이용자들의 대기시간이 합리적인 수준이 되게 하려면 몇 개의 창구를 운영해야 할까?
- 통신안테나가 전화통화로 포화가 되지 않도록 하려면 안테나는 몇 개 설치해야 할까? (여기서 각 통화는 안테나를 거쳐 가기 위해 차

례대로 도착하는 사람들로 볼 수 있다.)

• 배관망에서 물이 제대로 흘러가도록 하려면 파이프와 밸브를 어떻게 배치해야 할까?

어디에나 있는 곡선!

다음과 같은 생각을 해본 적이 분명 있을 것이다. 길을 건널 때 횡단보도가 있는 곳까지 가서 도로의 축에 대해 수직으로 건너는 것보다 대각선으로 건너는 것이 조심성은 떨어지겠지만 거리는 좀 더 단축된다는 것을 말이다. 길을 사선으로 건너는 경로인 직선(최단 경로)과 인도와 횡단보도만을 이용하는 가장 신중한 경로 사이에서, 도로 위에 너무 오래 머무르지 않으면서도 이동 거리를 단축하는 이상적인 곡선은 무엇일까?

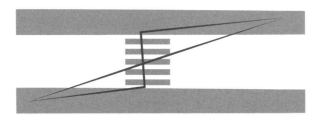

보라색으로 표시된 최단 경로와 회색으로 표시된 가장 신중한 경로

바로 이것이 '최적화' 문제다. 최적화란 사실 염소, 배추, 늑대 등을 강 건너로 옮기는 문제에서 최선의 해답을 찾는 기술이라고 할 수 있다 (139쪽, 옮긴이 후주 참조). 이 경우 염소는 경로의 길이가 되고 배추는 도로 위로 지나갈 때 부담해야 하는 위험이 된다.

이와 같이 수학자는 도시에서 자연스럽게 생겨나는, 알려지거나 알려지지 않은 다양한 곡선을 발견해낸다. 그중에서도 사이클로이드는 유명한 곡선이다(140쪽, 옮긴이 후주 참조). 이 곡선은 바퀴에 박힌 못이 지나가는 궤적을 나타낸다.

쉽게 알아볼 수 있는 것은 아니지만, 이 곡선을 잘 관찰하면 못이 박힌 지점이 바닥과 접하는 순간 그 점의 속도가 0이 된다는 것을 깨달을 수 있다. 그렇지 않다면 그건 자전거가 경로를 이탈해서 미끄러지고 있다는 뜻이다. 반대로 못이 바퀴의 맨 위에 오면(즉 사이클로이드 아치의 가장 높은 지점) 그 속도는 최대가 된다. 바퀴의 회전속도에 자전거의 이동속도가 더해지기 때문이다.

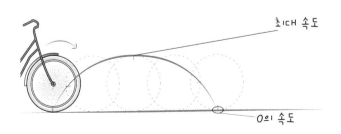

도시에서 자주 보는 또 다른 멋진 곡선은 추적선이다. 이는 직선 경로로 진행하는 주인을 따라 말 안 듣는 강아지가 어쩔 수 없이 목줄에 이끌려갈 때 나오는 궤적이다.

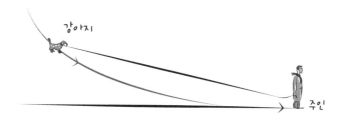

추적선: 주인(위에서 본 모습)은 직선으로 진행하며
움직이기를 거부하는 강아지의 목줄을 잡아당긴다.

흔히 볼 수 있는 또 다른 곡선은 '현수선'이다. 현수선은 두 전신주 사이의 전깃줄이나 두 볼라드 사이에 늘어뜨린 사슬이 그리는 곡선이다.

동일한 점에 '고정되어 있는' 서로 다른 길이의 여러 현수선

마지막으로 소개하는 곡선의 이름은 클로소이드로 조금 어렵지만 잘 기억하기 바란다. 고속도로에 진입하거나 빠져나올 때마다 이 곡선에 감사해야 할 테니 말이다.

클로소이드 전체의 모양(고속도로에서 만나는 클로소이드 곡선은 다행히도 그 일부분일 뿐이다!)

수학자들이 이 곡선을 찾아냈을 때는 자동차가 등장하기 전이어서 발견 당시에는 이 곡선을 이용해서 해결할 수 있는 실제적인 문제는 아마 거의 없었을 것이다. 하지만 빠른 속도로 굴러가는 탈것이 등장하면서 이 곡선은 대단히 중요해졌다. 사실 이 곡선을 이용하면 다음 문제에 답을 얻을 수 있다. 빨라지거나 느려지는 것 없이 핸들을 일정하게 돌리면서 계속 같은 속도로 운전을 한다면 어떤 궤적을 그릴까?

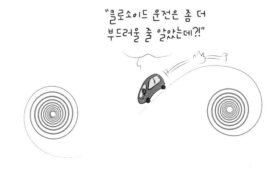

"클로소이드 운전은 좀 더 부드러울 줄 알았는데?!"

이 곡선의 중요성을 이해하려면 핸들을 움직이지 않고 갈 때 벌어질 수 있는 일을 생각하면 된다. 두 가지 상황이 있을 수 있다.

첫 번째는 앞으로 똑바로 나아가는 것인데, 이는 고속도로 위에 있을 때는 아무 문제가 없다. 두 번째는 원을 그리며 도는 것인데 이는 원형교차로 혹은 고속도로 인터체인지의 램프웨이를 주행할 때 안성맞춤이다. 그렇다면 직선도로에서 원호 모양 도로로 연결되는 도로는 어떤 모양이어야 할까? 만약 진출로가 원형으로 되어 있다면 핸들을 아주 급격히 돌려야 한다. 따라서 이를 방지하려면 진출로를 클로소이드 곡선의 일부분 모양으로 만들어야 한다. 그러면 핸들을 부드럽게 돌리면서 램프웨이까지 도달할 수 있다. 그리고 다시 직선도로로 들어갈 때는 클로소이드 곡선의 일부분을 또다시 이용하면 된다. 누구에게 감사해야 할까?

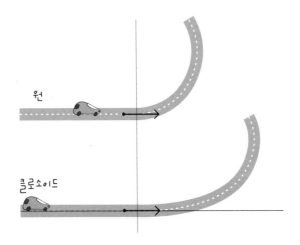

직선에서 원으로 바로 이어질 때: 급커브 주의!
하지만 클로소이드를 이용하면 부드럽게 연결된다.

슈퍼스타 사이클로이드!

1. 통조림통 하나와 사인펜을 준비하세요. 사인펜을 그림처럼 테이프로
   붙여주세요. 준비됐나요?

1단계

2. 이제 판지로 된 시리얼 상자(당연히 빈 상자여야 하겠지요!)를 벽에
   대고 고정한 뒤 통조림통에 연결한 사인펜의 펜촉이 시리얼 상자의
   한쪽 모퉁이에 위치하도록 통조림통을 놓아주세요. 그다음 통조림통
   을 천천히 굴려 사인펜으로 곡선을 그리세요.

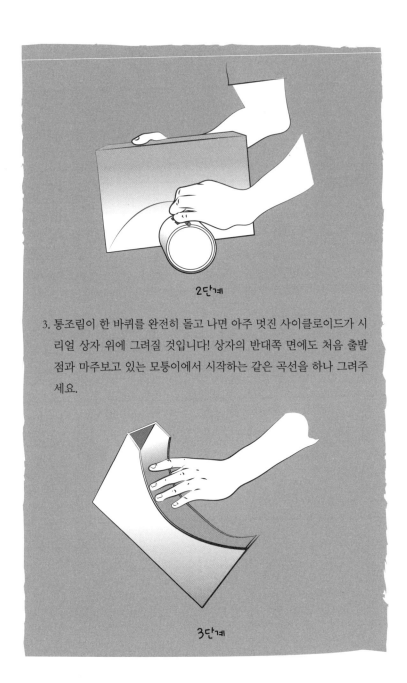

2단계

3. 통조림이 한 바퀴를 완전히 돌고 나면 아주 멋진 사이클로이드가 시리얼 상자 위에 그려질 것입니다! 상자의 반대쪽 면에도 처음 출발점과 마주보고 있는 모퉁이에서 시작하는 같은 곡선을 하나 그려주세요.

3단계

4. 이제 그려진 선을 따라 정성스레 자른 뒤(상자 양쪽 면을 모두), 판지로 띠 모양을 만들어 구슬이 떨어지지 않도록 곡선, 경사면을 따라 양쪽 면 위에 고정하면 됩니다.

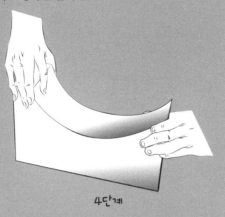

4단계

이 멋진 경사로를 이용해서 사이클로이드 곡선이 갖는 아주 놀라운 특성을 확인할 수 있습니다.
눈과 귀의 즐거움을 위해 공식 이름을 알아보면, 사이클로이드는 '브라키스토크론'이자 '등시선'이며 '토토크론'입니다!

• 브라키스토크론은 이 곡선이 한 점에서 다른 점으로 내려가기 위한 가장 빠른 경로라는 것을 의미합니다(물론 한 점이 다른 한 점의 바로 아래에 있지 않다면 말이지요!). 직평면인 '경사로'와 비교해보세요. 각 경사로 맨 위에서 두 개의 구슬을 동시에 놓았을 때, 먼저 아래에 도착하는 것은 사이클로이드로 된 경사로를 따라 내려온 구슬입니다. 사이클로이드 경사로는 초반에 기울기가 급해서 구슬의 속도가 빨라지기 때문입니다. 하지만 너무 과하지 않을 정도로 말이지요. 과한 경우 구슬이 아래로 너무 많이 내려와 버려 과도하게 경로가 길어질 것입니다. 이 또한 최적화 문제이지요!

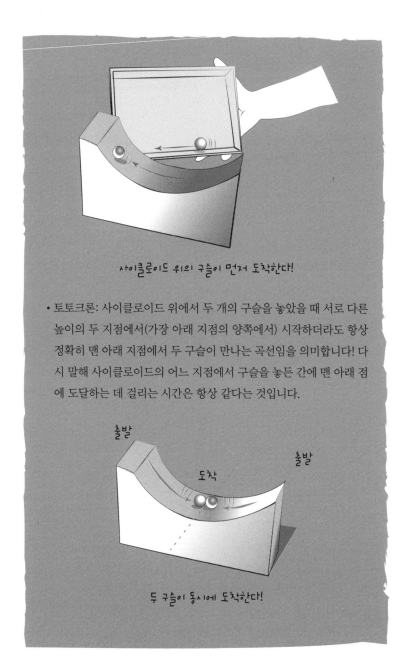

사이클로이드 위의 구슬이 먼저 도착한다!

• 토토크론: 사이클로이드 위에서 두 개의 구슬을 놓았을 때 서로 다른 높이의 두 지점에서(가장 아래 지점의 양쪽에서) 시작하더라도 항상 정확히 맨 아래 지점에서 두 구슬이 만나는 곡선임을 의미합니다! 다시 말해 사이클로이드의 어느 지점에서 구슬을 놓든 간에 맨 아래 점에 도달하는 데 걸리는 시간은 항상 같다는 것입니다.

출발

도착

출발

두 구슬이 동시에 도착한다!

- 등시선이라는 용어의 뜻은 토토크론과 거의 같은데 이를 달리 표현한 것입니다. 처음 구슬을 놓는 곳의 높이가 어디든지 이 구슬이 경사로 위를 한번 왕복하는 데 걸리는 시간은 항상 같습니다.

아하!

사이클로이드를 연구한 갈릴레이, 로베르발, 베르누이, 오일러, 뉴턴 같은 수학자들은 사이클로이드가 가진 이런 수많은 아름다운 특성을 보고 그리스 신화에서 가장 아름다운 여인으로 일컫는 트로이의 헬렌의 이름을 따서 수학의 '미녀 헬렌'이라는 별명을 붙였다.

| 옮긴이 후주 |

1. 유명한 수학 퍼즐: 알킨의 문제 강 건너로 옮기기

일정한 조건을 만족시키면서 한 지역에서 모든 대상을 이동해야 하는 수학 퍼즐 가운데 '강 건너로 옮기기' 문제가 있다. 이 문제 가운데 가장 널리 알려진 것은 한 남자가 염소, 늑대, 양배추를 갖고 강을 건너는 문제인데, 가톨릭 수도사이자 교육자였던 알킨(Alcuin, 735~804)이 샤를마뉴 대제의 초청을 받았을 때 궁정에서 처음 낸 수학문제로 알려져 있다. 이 문제가 당시에는 라틴어로 기록되어 있어 여러 나라 말로 번역됐고 번역되는 과정에서 상황에 따라 늑대 대신 여우로, 남자 대신 농부로 번역되는 등 조금씩 달라져서 세상에 알려졌다.

알킨의 문제_강 건너로 옮기기

한 남자가 배를 타고 강을 건너가야 하는데 염소, 늑대, 양배추를 데려가야 한다. 그린데 이 남자는 한 번에 한 가지만 배에 태워 옮길 수 있다. 만약 늑대와 염소만 남으면 늑대가 염소를 잡아먹고, 염소와 양배추만 남으면 염소는 양배추를 먹어버린다고 가장하자. 어떻게 해야 이 남자는 염소, 늑대, 양배추를 모두 옮길 수 있을까?

생각의 발견_문자를 이용한 설명

염소, 늑대, 양배추를 옮기려면 일곱 번은 왔다갔다해야 한다. 이 상황을 다른 방식으로 표현해보자. 남자(man), 늑대(wolf), 염소(goat), 양배추(cabbage)를 각각 M, W, G, C로 나타내고, 왼쪽 지역의 처음 상태를 MWGC, 오른쪽 지역으로 다 옮겼을 때 왼쪽 지역의 상태를 0으로 나타내기로 하면 일곱 번 만에 옮기는 방법은 다음처럼 두 가지가 있다.

방법1: MWGC, CW, MWC, C, MGC, G, MG, 0

방법2: MWGC, CW, MWC, W, MWG, G, MG, 0

2. 사이클로이드는 원을 굴렸을 때 원에 찍은 점이 그리는 곡선

사이클로이드 곡선은 적당한 반지름을 갖는 원 위에 한 점을 찍고, 그 원을 한 직선 위에서 굴렸을 때 점이 그리며 나아가는 곡선이다. 이 곡선은 수학과 물리학에서 매우 중요하며 초기 미분적분학의 개발에 크게 도움을 준 곡선이다. 특히, 갈릴레오는 맨 처음 이 곡선의 중요성을 이야기하면서 다리의 아치를 이 곡선을 이용하여 만들 것을 추천하기도 했다.

6

예술에 숨어 있는 수학

어떤 이들은 과학, 그중에서도 특히 이성적이고 냉철하다고 여기는 수학은 예술과는 동떨어진 것이라고 생각한다. 하지만 예술가이자 공학자인 레오나르도 다빈치, 1932년에 태어난 프랑스의 시인이자 수학자인 자크 루보, 혹은 "음악은 무의식적으로 수를 다루는 비밀스러운 계산 작업이다."라고 했던 독일의 수학자 고트프리트 라이프니츠 등을 생각해보라. 진정으로 호기심이 많은 사람이라면 모든 것에 관심을 갖는 법이다.

새로운 시

작가이자 수학 애호가인 레몽 크노는 어느 날 오래된 시 형식인 6행짜리 연 여섯 개로 구성된 '세스티나(sestina)'를 발견한다. 세스티나 형식에서는 모든 연의 각 행 끝에 동일한 여섯 개의 단어가 연마다 매번 순서만 달리해서 나온다.

다음 페이지에 19세기의 의원이자 시인인 페르디낭 드그라몽의 시 〈정령의 추방L'exil des esprits〉(D'après Sextines, précédées de *l'Histoire de la Sextine dans les langues dérivées du latin*, marquis Ferdinand de Gramont, Aphonse

Lemerre éditeur, 1872, Paris)의 일부분을 예시로 소개한다.

정령의 추방

On vous a donc bannis, hôtes du clair de lune, (1)

이제 그대들은 추방되었노라, 달(1)빛의 손님이여,

On ne veut plus de vous, impalpables Esprits, (2)

더 이상 그대들을 원치 않노라, 닿을 수 없는 정령들(2)이여,

Elves, Sylphes, Follets, qui, sur la blanche dune (3)

숲의 요정, 공기 요정, 도깨비 들은 흰 모래언덕(3) 위에서

Ou les ronds de gazon, dansiez à l'heure brune, (4)

잔디 고리 위에서 황혼(4) 무렵 춤을 추었네,

Vous qui des vieux châteaux protégiez les débris (5)

낡은 성에서 남은 잔해(5)를 보호하고

Et des grands bois profonds enchantiez les abris !(6)

깊은 숲 속 안식처(6)에 주문을 걸었네!

Désormais c'en est fait, vides tous ces abris ! (6)

이제는 다 끝나버렸네, 이 모든 안식처(6)가 텅 비어버렸네!

Vainement les manoirs s'argentent sous la lune, (1)

저택은 공허히 달(1) 아래 은빛으로 물들고,

On n'y reverra point, explorant leurs débris, (5)

잔해(5)를 뒤져보아도 결코 다시 볼 수 없으리,

Luire Titania, la reine des Esprits ; (2)

빛나던 티타니아, 정령들(2)의 여왕,

Ni de son cor d'ivoire Obéron à la brune (4)

황혼(4) 무렵 오베론의 상아 뿔피리도

각 행의 끝 단어 배열은 모든 연에서 같은 단어 모음에서 순서만 바뀐 것으로, 수학에서 순열이라 불린다.

이 단어들에 번호를 매겨서 더 간단히 살펴보면 이 순열은 다음과 같이 정리된다. 123456→615243. 두 번째 연의 각 행 끝 단어의 순서다. 세 번째 연에 올 순서를 찾기 위해서 같은 방법을 반복하면 364125가 나온다. 이 혼합방식은 앞 연의 마지막 단어를 첫 번째로 가져오고, 그다음에 첫 번째 단어, 그다음은 마지막에서 두 번째 단어, 다음은 두 번째 단어, 이런 식으로 두 번 중 한 번은 앞으로 한 번은 뒤로 보내는 것이다. 다음 그림에 그 과정을 잘 정리해놓았다. 첫 번째 연에 나오는 단어의 순서가 직선 위에 표시되어 있고, 나선을 따라가면 그 다음 연에 올 순서가 나온다.

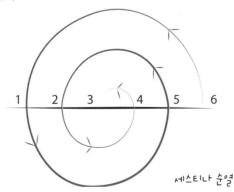

세스티나 순열

여섯 번째 순열을 지나면 처음 순서가 다시 돌아온다.

$$123456 \to 615243 \to 364125 \to 532614 \to 451362 \to 246531 \to 123456$$

그래서 세스티나에 나오는 연의 개수가 여섯 개뿐인 것이다.

이 순열의 재미있는 점은 두 가지다. 물론 다른 재미있는 점도 얼마든지 있지만 말이다. 우선 이 순열을 이용하면 단어를 고르게 섞을 수 있다. 예를 들어 $123456 \to 234561$처럼 너무 단순하지 않고 단어의 순서가 완전히 뒤섞인다. 또한 연마다 여섯 행이 있는데 여섯 개의 연을 지나면 처음의 순서가 되돌아온다. 이는 아무 순열에서나 발견되는 것이 아니다. 예를 들어 $123456 \to 654321$을 보자. 셋째 연에서 이미 처음 순열과 같은 순열이 나온다.

어떤 상황을 발견하면 그와 비슷한 상황을 최대한 많이 찾아내려는 것이 수학자들의 일반적인 성향인데, 레몽 크노 또한 그의 발견을 일반화하고자 했다. 그래서 그는 다음과 같은 생각을 하게 된다. 'n-이나(n-ina)' 형식, 즉 세스티나에서 행과 연의 개수만 바꾸어서 시를 쓸 수 있을까?

예를 들어 5행짜리 연 다섯 개로 구성되는 '퀸티나(quintina)'는 같은 논리에 따라 쓸 수 있다. 다섯 개의 단어로 같은 순열을 만들어 직접 확인하자.

$$12345 \to 51423 \to 35214 \to 43152 \to 24531 \to 12345$$

서로 다른 순서가 나오는 연 다섯 개가 나온 뒤 그다음 여섯째 연에서는 다시 첫째 연의 순서가 돌아온다. 완벽하다.

반면 7행짜리 연 일곱 개로 구성되는 '셉티나(septina)'를 쓰려고 시도하면 다음과 같은 결과를 얻는다.

$$1234567 \to 7162534 \to 4731562 \to 2467531 \to 1234567$$

엉망진창이다! 첫째 연에 나오는 순서가 너무 빨리 돌아와서 다섯째 연에서 나온다.

레몽 크노를 기리는 뜻에서 오늘날 이런 형식의 시는 일반적으로 '크니나(quenina)'라고 불리며 크니나를 쓸 수 있는 수를 '크노의 수'라 한다. 크노의 수 목록은 다음과 같이 시작한다. 1, 2, 3, 5, 6, 11, 14, 18, 23, 26, 29, 30, 33, 39, 41, 50, 51, 53, 65, 69, 74, 81, 83, 86, 89, 90, 98, 99…….

얼마나 더 있을까? 현재로서는 크노의 수가 유한한지 아니면 무한한지 아무도 모른다. 하지만 연구는 계속되고 있다. 비록 답을 찾지는 못했지만 2008년에도 한 논문에서 이 문제를 다룬 바 있다. 이제 수학 애호가들이 나설 차례!

직접 해보세요!

잘 섞었나요?

1부터 6까지 순서로 된 여섯 장의 카드를 준비해서 '위아래로 섞기'를 해보세요. 카드를 차례차례 한 장은 위에, 한 장은 지나온 카드 아래에 놓으면 됩니다. 이는 세스티나 방식의 순열과 거의 반대라고 할 수 있습니다. 한 번 섞고 나면 순서가 완전히 뒤섞여서 123456(카드 면이 테이블을 향하도록 하여 아래에서 위로)에서 246531이 됩니다. 하지만 여섯 번째 섞으면 첫 번째의 순서가 되돌아옵니다. 이번에는 여러분이 원하는 장수만큼 카드를 준비해서 실험을 다시 해보세요. 준비한 카드의 장수에 따라 걸리는 시간은 달라질 수 있지만 어떤 경우든 어느 정도 지나면 시작할 때의 순서가 다시 돌아올 것입니다.

게다가 이는 카드를 섞는 방법이 무엇이든 항상 성립합니다. 계속해서 동일한 방식으로 반복해서 섞어주기만 한다면 결국 언젠가는 첫 번째 순서가 돌아오게 되어 있습니다.

마술사들이 많이 사용하는 도브테일 셔플로도 불리는 리플 셔플법을 이용해서 확인할 수도 있습니다. 이는 카드 덱을 둘로 똑같이 나누어 양쪽의 카드를 차례차례 엇갈려 끼워 섞는 방법입니다. 빠르게 할 때는 이 방법을 완벽하게 구현하는 것이 거의 불가능합니다. 하지만 예를 들어 여덟 장짜리 카드 한 벌을 가지고 천천히 해보면 세 번에서 여섯 번의 '셔플링' 후에 처음의 순서가 되돌아오는 것을 확인할 수 있습니다. 처음의 순서가 되돌아오기까지 카드를 섞어야 하는 횟수는 섞을 때 맨 아래에 놓는 카드가 처음에 나누어 놓은 두 부분 중 어느 쪽에서 오는지에 따라 달라집니다.

유용한 트릭

지금까지 살펴본 것을 바탕으로 할 수 있는 간단한 마술 아이디어가 있습니다.

먼저 32장짜리 카드 한 벌을 몰래 준비하세요. 패의 모양별로 분리한 후 패별로 카드 숫자의 오름차순으로 정렬합니다. 그다음 앞에서 나온 '위아래로 섞기' 방법을 이용해 다이아몬드는 한 번 섞어주고, 하트와 스페이드는 두 번씩, 그리고 클로버는 세 번 섞어줍니다. 이제 분리해놓은 패들을 섞어서 다시 32장짜리 한 벌로 만들어주세요. 물론 이때 같은 패 안에서는 앞서 섞어 만든 순서가 바뀌지 않도록 해야 합니다(예를 들어 스페이드에서 두 장, 그다음 다이아몬드에서 한 장, 클로버 네 장, 다시 스페이드 한 장, 하트 두 장…… 이런 식으로 네 종류의 패가 모두 다 섞일 때까지 계속합니다).

이제 사람들에게 이 카드를 보여주세요. 사람들에게는 카드가 아주 잘 섞여 있는 걸로 보일 것입니다. 한 사람에게 원하는 패 하나를 고르라고 하세요. 그 사람이 고른 패의 카드를 순서가 흐트러지지 않도록 주의하며 꺼내서 합니다. 그러면 다른 패와 섞기 전에 여러분이 만들어 놓은 순서 그대로 정렬되어 있는 같은 패의 카드 덱이 나옵니다. 그다음 이번에도 같은 방법으로 다이아몬드의 경우 세 번, 하트와 스페이드의 경우 두 번, 클로버의 경우 한 번 섞어줍니다. 어떤 경우든 결국 카드 패가 숫자의 오름차순으로 정렬될 것입니다. 여덟 장의 카드를 이 방법으로 네 번 섞고 나면 원래의 순서로 돌아오기 때문입니다.

좀 더 복잡한 다른 트릭을 직접 고안해도 좋습니다. 하지만 어쨌든 이제 알겠지요, 마술사가 속임수 같은 건 없다고 말하며 여러 번 카드를 섞는다면 그는 분명…… 제대로 속임수를 쓰고 있다는 것입니다!

보이는 대로 그리기

완벽한 원근법 그림을 그리려고 시도한 적 있는가? 이는 쉬운 일이 아니다. 4장에서 보았듯이(107쪽) 이 또한 평평하지 않은 것을 평평한 면에 표현해야 하는 것이기 때문이다.

가장 간단한 방법은 '뻗은 팔' 기법으로 화가가 연필을 손에 쥐고 팔을 뻗어서 나무, 사람 얼굴, 집 등 눈에 보이는 크기를 연필로 재 본 뒤 그 길이를 캔버스 위로 옮기는 것이다. 이렇게 하면 어떤 사물보다 두 배 커 보이는 사물은 캔버스 위에서도 두 배 더 크게 표현되어 눈에 보이는 비율을 지켜서 그릴 수 있다. 그러나 너무 지나치게 세밀하게 이 기법을 따르다 보면 풍경이 왜곡된다. 어깨는 움직이지 않고, 뻗은 팔은 어깨를 중심으로 돌아가므로 손은 어깨부터 뻗은 팔의 길이에 해당

하는 거리상의 점들을 지나면서 결국 구의 일부를 따라 이동하는 것이기 때문이다. 따라서 연필 또한 변형되지 않고서는 평평하게 만들 수 없는 가상의 구 위를 지난다. 이때 받는 인상은 마치 작은 구멍으로 보거나 혹은 초광각 어안렌즈로 촬영한 사진처럼 왜곡된 이미지를 보는 것과 같을 것이다.

이런 현상을 피하려고 돌아가는 팔 끝에 연필을 수직으로 유지한다면 이번에는 구가 아니라 펼칠 수 있는 원통의 일부분 위에서 이동하는 것과 같다. 하지만 그리는 사람이 위나 아래를 바라보면 이는 그의 시선이 이 가상의 원통을 비스듬히 자르는 것이 된다. 그런데 키친타월 심을 사선으로 자른 뒤 다시 길이 방향으로 잘라서 펼치는 실험을 해 보면 직선으로 자른 것이 물결 모양이 되는 것을 확인할 수 있다(149쪽 그림 참고)!

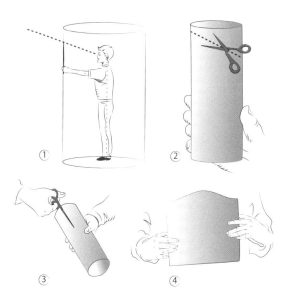

어떤 중세시대 그림들은 이런 '왜곡'을 잘 보여준다. 하지만 그 밖의 그림들은 대부분 배경이 없거나 혹은 문제를 피해가기 위해 멀리 흐릿하게 보이는 풍경을 배경으로 하고 있다!

장 푸케의 삽화. 그림 속 바닥 포석에 왜곡된 부분이 잘 보인다.

하지만 물론 당신은 원근법을 살려 그리는 법을 알고 있다. 심지어는 '사투영'이라 불리는 아주 간단하고 효과적으로 정육면체를 그리는 기법도 알고 있을 것이다.

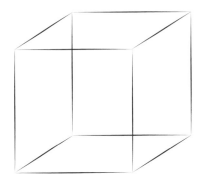

이것이 정육면체 그림이라는 것은 보자마자 알아차렸을 것이다. 하지만 실제 정육면체는 이것과는 거리가 멀다. 이 그림에서 서로 수직인 정사각형 모양의 면 여섯 개를 알아보려면 이런 종류의 묘사에 대한 기본 지식이 있어야 한다. 외계인이 이 그림을 본다면 그저 이상하게 겹쳐 놓은 정사각형 두 개와 평행사변형 네 개밖에 보지 못할 것이다!

더욱이 이런 그림에 익숙지 않은 사람은 전체를 사투영법으로 그린 그림이 아주 이상해 보일 것이다. 예를 들어 정육면체의 뒤쪽에 있는 면과 앞쪽에 있는 면이 같은 크기로 그려진 것은 매우 이상한 일이다. 같은 크기의 사물이어도 더 멀리 있는 것은 더 작게 보여야 하기 때문이다. 또한 사투영도에서는 모든 면의 모서리가 평행하게 보이는데, 실제로는 우리에게서 멀어지는 방향의 모서리들은 서로 가까워지는 것처럼 보여야 한다. 하지만 사투영도에서는 현실에서 평행한 모든 직선이 그대로 평행하게 그려진다. 지평선을 향해 뻗어가는 철도 레일도 사투영도에서는 결코 서로 가까워지지 않을 것이다. 사투영도로는 지평선 너머로 사라지는 철도 레일을 표현할 수 없는 것이다.

사투영도에서는 이 두 레일이 평행하게 남을 것이다!

그러나 사투영도는 과거에도, 그리고 오늘날에도 여전히 사용하고 있다. 동양의 판화나 오늘날 망가에서도 여전히 이런 전통을 일부분 발견할 수 있다. 대부분의 인물을 배경 없이 표현하여 지평선 문제를 피해

가는 것이다. 또 다른 방법은 (수많은 비디오 게임에서도 마찬가지) 장면을 약간 높은 곳에서 바라보는 부감 형식이나 관찰자 맞은편에 배경으로 벽을 두는 것도 있다.

이런 수단을 사용하면 멀리 뻗어나가는 두 선이 계속해서 평행하게 유지되는 것을 볼 때 느끼는 이상한 느낌을 피할 수 있다. 옛날 그림에서는 때때로 이런 평행직선이 나오기도 하는데, 마치 서로 점점 멀어지는 듯한 인상을 준다.

그렇다면 '고전적인' 원근법은 어떨까? 고대부터 정말 진짜 같은 착시화들이 있었던 만큼 고전적인 원근법은 아주 오래전부터 알려져 있었다. 예술가들은 예컨대 평행한 두 직선을 그림 위의 한 점으로 수렴하는 두 직선으로 표현하면 입체감을 줄 수 있다는 것을 경험으로 이해했다. 르네상스 시대에는 더욱 구체적인 규칙을 세웠는데, 그중에는 소실점(들)이 위치하는 지평선과 같이 오늘날에도 배우는 것들이 있다.

그 당시에는 직업과 지식 분야를 명확하게 구분하지 않았다. 그래서 예술가는 종종 학자였고, 학자는 동시에 예술가이기도 했다. 많은 예술가가 미학적인 차원에서 과학에 관심을 갖기도 했다. 일례로 독일의 판화가인 알브레히트 뒤러는 원근법이 무엇인지, 또 어떻게 하면 이론적으로 완벽하게 원근법 작도를 할 수 있는지에 대한 이해를 돕는 장치를 고안하기도 했다. 바로 뒤러의 격자문이다.

오른쪽 벽면에 있는 못은 관찰자의 눈으로 움직이지 않게 고정해놓았다. 여기에 고정한 실은 그리려고 하는 사물에서 오는 빛을 나타낸다. 왼쪽 인물이 들고 있는 캔버스 위에는 그림(만돌린)이 이미 꽤 괜찮게 그려져 있고, 이 캔버스는 문처럼 회전할 수 있다. 사용법은 다음과 같

다. 우선 왼쪽 인물이 '문'을 열고, 액자틀을 통과한 실이 팽팽하게 유지하면서 사물을 식별할 수 있는 지점(윤곽과 같은 요소)까지 도달하도록 한다. 오른쪽에 있는 두 번째 인물은 그림평면인 액자틀과 실이 교차하는 정확한 위치를 확인한다. 그다음은 실을 제거한 뒤 '그림걸이'를 다시 닫아서 조금 전에 확인한 교차지점이 캔버스 위에 오도록 한다.

이 기법은 실제로 사용할 수는 없지만 원근법의 목적을 이해하게끔 해준다. 화가가 모델을 관찰한 정확한 그 위치에서, 완벽하게 그린 그림을 모델 앞쪽에 놓고 볼 때 액자틀이 비어 있는 상태와 구별할 수 없어야 한다는 것이다.

이 기법 또한 한계는 있다. 현실에서는 사람의 눈은 두 개인 데다 움직일 수 있고, 사람들이 이동하기도 하며, 대부분은 착시화와 진짜 풍경을 금방 구분할 수 있기 때문이다. 게다가 화가들은 완벽한 원근법을 구현하겠다는 생각을 오래지 않아 버리고 좀 더 직관적인 방법으로 다시 돌아가 다른 연구를 이어갔다.

하지만 이런 이론적 접근은 세상을 바라보고 표현하는 방식을 완전히 바꾸어 놓았다. 한편 관찰자가 완벽한 위치에서 바라볼 때 완벽한 그림이 보인다는 아이디어는 아나모르포즈(왜상기법)에서 다시 활용되었다. 아나모르포즈 그림이 표현하고 있는 것을 보려면 위와는 반대로, 비스듬히 보거나 혹은 왜곡시키는 거울을 통해서 보아야 한다. 다음과 같은 이상한 그림을 관찰해보자. 페이지 가장자리 쪽(왼쪽)에서 바라보면 깜짝 놀랄 것이다!

사영기하학

이 수학 분야는 그 역사가 매우 복잡하다. 알렉산드리아의 파푸스가 4세기에 이와 관련한 문제를 생각하기 시작했고, 프랑스의 기하학자이자 건축가인 지라르 데자르그가 17세기에 이 주제에 관한 책을 썼으나 거의 읽히지 않고 잊혀졌다. 그 후 19세기에 들어와 본격적으로 다루어졌으나 이제는 수학자들의 관심사에서 거의 완전히 벗어났다. 그래도 몇 가지 유용한 결과가 남아 있고, 학교에서도 오랫동안 사영기하학을 가르쳤다.

사영기하학에서는 기하도형을 사영했을 때 변하지 않는 것을 연구한다. 사영한다는 것은 대략적으로 말해서 다른 면에 생기는 어떤 사물의 그림자 혹은 투영도를 보는 것이다.

우선 평행선은 사영하면 더 이상 평행하지 않을 수도 있다. 평행 관계의 개념이 보존되지 않으므로 모든 두 직선은 항상 교차한다고 말할 수 있을 것이다. 마음에 걸린다면 '무한원점'을, 물론 실제로는 결코 그릴 수 없겠지만 더하기로 하면 된다. 무한원점에서는 고전기하학에서 평행하다고 하는 모든 직선이 교차한다.

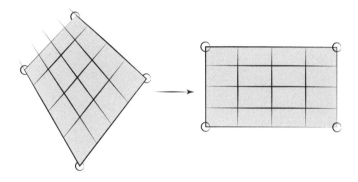

사영기하학에서 위의 두 그림은 하나의 같은 대상을 두 가지 서로 다른 각도에서 바라본 것이다. 오른쪽 버전에서는 직선이 무한히 먼 어느 점에서 서로 교차한다고 보아야 한다.

각도는 사영하면 바뀌므로 직각은 물론이고 그 어떤 특정 각도에 대해서도 말할 수 없다. 다행히 모든 것이 사라지는 건 아니다. 직선은 사영 후에도 여전히 직선이다. 즉, 정렬된 점의 집합의 개념은 여전히 유효하다. 또한 직선이 아닌 것은 사영 후에도 직선이 될 수 없다. 따라서 삼각형은 사영 후에 그 모양은 다양할 수 있지만 그래도 여전히 삼각형일 것이고, 사변형 또한 여전히 사변형일 것이다. 하지만 정사각형이 평행사변형이 될 수도 있고, 사다리꼴이 될 수도 있다! 사영기하학에는 정사각형의 개념이 없는 것이다. 원도 마찬가지다. 투영했을 때 그 어떤 원뿔곡선이라도 될 수 있기 때문이다. 원뿔곡선은 1장에서 살펴보았듯이(26쪽) 원뿔이나 원통을 비스듬하게 잘랐을 때 나오는 곡선이다.

사실 원을 투영해서 보면 타원 혹은 포물선이나 쌍곡선의 일부분 모양이 된다. 타원은 또 다른 타원이 되고, 당연히 원이 될 수도 있으며, 혹은 포물선이나 쌍곡선, 이 두 원뿔곡선 중 하나가 될 수도 있다. 이 두 원뿔곡선도 마찬가지다. 한 원뿔곡선을 투영하면 여전히 원뿔곡선이긴 하지만 그 형태는 어떤 것이든 될 수 있다.

이런 모든 이유로 사영기하학을 연구하면 아주 이상한 결과가 나온다. 그래도 사영기하학을 통해서 프랑스의 철학자이자 수학자인 파스칼이 만든 다음의 파스칼의 정리와 같은 멋진 정리를 보일 수도 있다.

A, B, C, A', B', C'이 한 원뿔곡선(그림 1에서는 포물선, 그림 2에서는 타원)상의 점이라고 하자. 직선 AB'과 A'B의 교점을 E, 직선 AC'과 A'C의 교점을 F, 직선 BC'과 B'C의 교점을 G라고 하면 E, F, G는 일직선

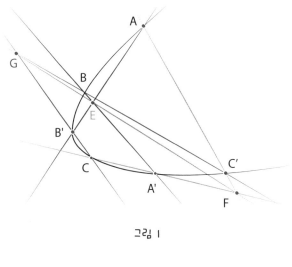

그림 1

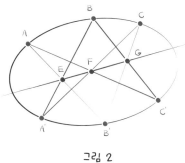

그림 2

상에 있다.

이 정리는 사영기하학의 정리다. 이 정리를 설명하는 그림을 투영하더라도 여전히 정리는 성립하기 때문이다. 원뿔곡선은 여전히 원뿔곡선일 것이고, 직선은 여전히 직선이므로 교점 E, F, G 또한 여전히 일직선상에 있을 테니 말이다.

정서를 순화하는 음악

음악가든 그렇지 않든, 음계의 8음인 도 레 미 파 솔 라 시 도는 알 것이다. 또한 이 8음 말고도 샵과 플랫이 붙은 피아노의 검은 건반 음이 있다는 것도 들어보았을 것이다. 자세한 설명은 차치하고 이 모든 음을 다 따져보면 한 음계는 정확히 12개 음으로 되어 있다. 왜 그럴까?

먼저 서로 다른 음에 왜 같은 이름을 붙이는지 알아야 한다. 음악가가 아니더라도, 목소리가 다소 높은 사람들과 다소 낮은 사람들이 다 함께 같은 노래를 부르는 장면을 떠올려볼 수 있을 것이다. 마치 같은 음으로 노래를 부르고 있는 것처럼 느껴진다(누군가가 너무 크게 부르지만 않는다면!). 하지만 꼬마 룰루가 네스토르 아저씨와 같은 음을 내지 않을 것은 자명하다. 비슷하게 들리는 이 두 음은 음악에서 옥타브라고 하는 한 도와 그다음 도 사이의 간격을, 하나 혹은 여러 개를 두고 떨어져 있다. 그래서 두 음의 이름이 같은 것이다. 음을 식별하는 것 자체는 문화적인 것이 아니어서 전 세계 어디서든 음악을 하는 사람들은 모두 이 체계를 사용한다.

직접 해보세요!

음 만들기

가방(혹은 어떤 것이든 무게가 나가는 것) 하나를 끈 끄트머리에 매달아주세요. 이 끈은 퉁겼을 때 소리가 날 수 있을 정도로 충분히 팽팽해야 합니다. 끈의 길이를 잰 뒤 2로 나누어주세요. 끈의 가운데 지점을 잡아서 한쪽 절반만 진동하도록 합니다. 이렇게 했을 때 나는 음은 끈 전체를 퉁겼을 때 나는 음과 정확히 같은 음이지만 한 옥타브가 더 높습니다. 이 두 음(저음 다음 고음으로)을 연달아 연주하면 유명한 노래인 Singin' in the rain의 첫 부분이 들릴 것입니다.

한 옥타브 차이는 도처에서 연주되고 들린다. 그런데 오늘날 완벽히 조화롭게 들리는 어떤 화음은 중세시대에는 별로 좋은 대접을 받지 못했다. 반대로 고대 음악은 과거에 비해 즐기는 사람이 적은데, 이는 귀에 익숙한 화음의 종류가 달라졌기 때문이다. 마찬가지로 이국적인 음악이나 실험음악, 혹은 그저 우리가 잘 모르는 음악과 같이 귀에 익숙지 않은 음악을 좋다고 느끼려면 때로는 어느 정도의 적응 시간이 필요할 때도 있다.

대부분의 음악에서 자주 접하는 또 다른 음 간격은 바로 5도다. 5도 간격을 들어보려면 위의 박스에서 얘기한 도구의 끈이 전체 길이의 2/3만 진동하도록 하면 된다. 전체 줄을 모두 진동시켜서 나는 음인 개방현 음과 이 두 번째 음을 연달아 연주하면 〈들판 위의 콜히쿰Colchiques dans les prés〉이라는 프랑스 노래나 영화 〈스타워즈〉의 OST가 떠오를 것이다.

기본음 5도

음악에도 질서를 부여하고 싶었던 피타고라스(또!)는 이와 같은 사실을 확인하고 거기에서 출발하여 조화로운 음계를 구성하고자 했다. 그의 작업도구는 159쪽 실험에 나온 것과 같이 현이 하나뿐인 일현금이었다. 음에 변화를 주는 유일한 방법은 모든 현악기 연주자들이 그리하듯이 현의 일부분만 진동하도록 하는 것이다. 일현금이 음악적으로는 특별히 고려되지 않는 악기라 해도, 적어도 제작하기에 쉽고, 또 음악 이론을 고찰하는 데는 유용하다. 개방현으로 연주하여 나오는 음은 기본음이다. 목표는 이 기본음과 한 옥타브 위의 음 사이에 있는 음을 찾아내는 것이다. 즉 현의 전체 길이(1m라고 한다면)와 그 절반의 길이(0.5m) 사이에서 나는 음 말이다.

5도는 현을 2/3만큼 진동시켜서 얻을 수 있는 음으로 피타고라스의 귀에는 기본음과 조화롭게 어울리는 것으로 들렸다. 그래서 그는 새로운 음을 찾아내기 위해서 두 번째 음과 잘 어울릴 5도의 5도, 그다음으로는 5도의 5도의 5도 이런 식으로 음을 선택하기로 한다. 세 번째 음은 자연스럽게 현을 2/3의 2/3만큼, 즉 4/9미터만큼 진동시키면 얻을 수 있다. 하지만 4/9는 1/2보다 작아서 음 높이가 너무 높아진다. 다행히도 해당하는 현의 길이를 8/9미터로 두 배로 늘리면 그보다 한 옥타브 낮은 같은 음을 낼 수 있다. 그러면 이렇게 세 번째 음도 나온 것이다. 이제 같은 방식으로 계속 이어가면 된다. 8/9의 2/3, 즉 16/27, 그다음음은 32/81인데 너무 높으므로 2를 곱해서 64/81미터를 진동시켜 원하는 다음 음을 찾고……. 계속 이렇게 나가면 되는 것이다.

이런 과정을 거치면 다음과 같은 값을 얻는다.

1, 2/3, 8/9, 16/27, 64/81, 256/343, 512/1029, 2048/3087, 8192/9261, 16384/28783, 65536/86349, 131072/259057(약 0.506)

12번째 단계에서 나오는 값은 1/2에 거의 가까운 값으로 이때 얻는 음은 첫 음과 아주 살짝 차이 나는 음이다. 따라서 그 이후로는 음의 차이가 인지할 수 없는 수준이 되기 때문에 그쯤에서 멈추는 것이 합리적이다.

이런 방식으로 음을 새로 찾아내다가 중단하는 것은 언제나 선택의 문제다. 멈추지 않고 계속 이어가더라도 앞에서 나온 음이 다시 나오는 일은 결코 없을 테니 말이다. 예를 들어 새로 찾아낼 음에 해당하는 길이가 결코 1이나 1/2이 나오는 일은 없을 것이다. 현의 길이에 따라 분자에는 항상 2×2×2×2……의 형태인 수가 나올 것이고, 분모에는 3×3×3……의 형태인 수가 올 것이므로 한 번 나온 수와 동일하거나 그 배수의 형태가 나오는 것은 불가능하다.

어떻게 하면 꼬이지 않고 저글링을 할 수 있을까

저글링을 시도한 적이 있는가

공 세 개를 이용하는 '기본적인' 패턴의 저글링을 보면 눈에 들어오는 것이 하나 있다. 규칙성이다. 각 공은 한 손에서 다른 손으로 같은 방법으로 던져지고, 같은 시간 동안 공중에 미무른다. 두 손은 정확히 같은 높이로 공을 던진다. 보라색, 연보라색, 검정색의 서로 다른 세 가지 색의 공을 가지고 저글링할 때 두 번 중 한 번은 오른손으로, 또 한 번은 왼손으로 던지며, 공을 던지는 순서는 항상 동일하다. 보연검보연검보연검……

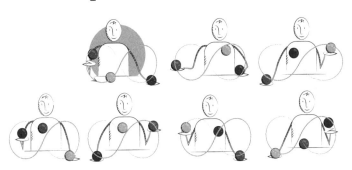

'고전적인' 저글링: 각각의 공이 모두 '8자 모양'의 궤적을 그린다.

세 개의 공이 차례차례 한 손에서 다른 손으로 이동하는데 항상 같은 순서와 같은 방법으로 던진다.

좀 더 능숙한 저글러는 모양을 내기도 한다.

때로는 단순히 던지는 높이를 달리하거나, 팔을 꼬거나, 다리 아래로 통과시키기도 하지만 이 때도 공을 던지는 리듬과 순서는 바뀌지 않는다. 그런데 공을 같은 높이로 던지지 않는 종류의 저글링도 있다.

가장 유명한 패턴인 '샤워' 저글링이다. 샤워 저글링을 하려면 한 손으로는 계속 공을 높이 던져 다른 손으로 전달하고, 다른 손으로는 받은 공을 아래쪽에서 빠르게 다시 던져 전달하면 된다.

검정 공의 경로를 관찰해보자. 왼손으로 높이 던진 뒤 오른손으로 떨어지고, 아래쪽에서 아주 빠르게 다시 왼손으로 보낸다. 어떻게 하면 또 다른 새로운 패턴의 저글링을 찾아낼 수 있을까?

저글링을 좋아하던 수학자들이 1980년대에 '사이트스왑'이라는 표기체계를 개발했다.

완벽하게 규칙적인 리듬으로 박자를 맞춰주는 메트로놈이 있다고 상상하자. 공을 던질 때마다 이 공을 다시 던질 때까지 지나간 박자를 세는 것이다. 이 박자는 공을 던지는 높이와 관련이 있다. 공을 높이 던질수록 같은 공을 한 번 더 던지기까지 걸리는 시간이 길어지기 때문이다.

공 세 개를 이용하는 고전적인 패턴의 저글링에서는 한 번 던진 공은 나머지 두 공을 모두 던진 다음에야 다시 던진다. 던지는 순서는 보연검 보연검보연검이고 각 글자는 세 박자마다 한 번씩 돌아온다. 따라서 이 패턴의 저글링은 333이라고 표기한다.

333이라는 표기를 활용하면 새로운 패턴을 개발하고 그 패턴이 이론적으로 구현할 수 있는 것인지 아닌지를 빠르게 확인할 수 있다.

첫 번째로 알아야 할 것은 모든 값의 합을 표시된 던지는 횟수로 나누면 필요한 공의 개수가 나온다는 것이다. 예를 들어 '441'은 세 값의 합이 4 + 4 + 1 = 9다. 그리고 던지는 횟수는 세 번이다. 9/3 = 3이므로 만약 이 패턴을 구현할 수 있다면 그때 이용해야 할 공의 개수는 세 개다. 두 번째로 확인할 것은 두 공이 동시에 떨어질 수 없다는 것이다. 보라색 공과 연보라색 공, 검정색 공을 순서대로 던진다고 생각해보자.

1. 4박자 던지기 보라색	2. 4박자 던지기 연보라색	3. 1박자 던지기 검정색
4. 4박자 던지기 검정색	5. 4박자 던지기 보라색	6. 1박자 던지기 연보라색

더 간결하게 표기하면 다음과 같다.

박자	1	2	3	4	5	6	7	8	9	10	11	12
던지는 타입	4	4	1	4	4	1	4	4	1	4	4	1
던진 공	보	연	검	검	보	연	연	검	보	보	연	검

아무 문제 없다. 이 패턴은 구현할 수 있다. 던지기 세 세트가 끝나면 처음의 던지기 순서가 정확하게 돌아온다. 순환고리를 만들었고, 원하

는 만큼 계속 이어갈 수 있다. 이는 163쪽에서 본 '샤워' 패턴이다.

이번에는 521로 시도해보자. 합은 8이고 던지는 횟수는 3이다. 하지만 8은 3으로 나눌 수 없다. 즉 이 패턴은 구현할 수 없다.

그렇다면 351은 어떨까? 3 + 5 + 1 = 9이므로 이 패턴을 구현할 수 있다면 공은 세 개가 필요할 것이다. 하지만 이 패턴은 구현할 수 없다.

박자	1	2	3	4
던지는 타입	3	5	1	3
던지는 타입	보라색	연보라색	검정색	보라색과 검정색!

네 번째 던지기에서 첫 번째 공과 마지막 공이 동시에 떨어진다!

이제 모든 저글러 연습생들은 이 이론을 적어도 기본적인 수준은 배우고 있으며, 여러 개의 공을 동시에 던질 때 구현할 수 있는 패턴을 조사하고, 또 연속적으로 이어질 수 있는 패턴과 그렇지 않은 패턴을 직접적으로 알아내려고 할 때 활용한다. 이처럼 때로는 수학이 예술가들에게 도움이 될 때도 있다.

더 알아보기

서적

Les maths qui tuent, Kjartan Poskitt et Rob Davis, Le Pommier, Paris, 2011.

L'assassin des échecs et autres fictions mathématiques, Benoît Rittaud, le Pommier, Paris, 2010.

Le monde des pavages, André Deledicq et Raoul Raba, ACL-Éditions du Kangourou, Paris, 1997.

Combien de chaussettes font la paire? Rob Eastaway et Olivier Courcelle, Flammarion, Paris, 2011.

Mon cabinet de curiosités mathématiques, Ian Stewart et Anthony Truchet, Flammarion, Paris, 2013.

Les maths, Robin Jamet, collection «À quoi ça sert?», Belin, Paris, 2009.

80 petites expériences de maths magiques, Dominique Souder, Dunod, Paris, 2008.

Le chat à six pattes et autres casse-tête, Louis Thépault, collection «Oh, les sciences!», Dunod, Paris, 2008.

Espèce de trochoïde!, Luc de Brabandere, collection «Oh, les sciences!», Dunod, Paris, 2008.

Oh, les maths!, Yakov Perelman, collection «Oh, les sciences!», Dunod, Paris, 2001.

Oh! encore des nombres!, Clifford A. Pickover, collection «Oh, les sciences!», Dunod, Paris, 2001.

Les nombres remarquables, François le Lionnais, Éditions Hermann, Paris, 1997.

잡지

Cosinus, revue scientifique pour la jeunesse, Éditions Faton (mensuel)

Tangente, revue de mathématiques accessible à tous, Éditions Pôle (bimestriel)

인터넷 사이트

Des jeux, des explications avec animations, des tours de magie et des exemples
de pavages :

http://therese.eveilleau.pagesperso-orange.fr/pages/jeux_mat/indexF.htm

La recherche mathématique en mots et en images :

http://images.math.cnrs.fr/

Des films qui aident à comprendre les maths :

http://www.dimensions-math.org/Dim_fr.htm

http://www.chaos-math.org/fr

Un logiciel permettant de réaliser des anamorphoses :

http://www.anamorphosis.com/software.html.

Des articles sur des sujets mathématiques variés :

http://eljjdx.canalblog.com/

Le site proposant une représentation des nombres suivant leurs facteurs
premiers (p. 69) :

http://www.datapointed.net/visualizations/math/factorization/animated-
diagrams/

옮긴이의 글

과거에도 그랬지만, 지금도 여전히 딱딱한 수식과 골치 아픈 시험 등에 치이다 지레 겁먹고 수학공부를 포기하는 학생들이 적지 않을 것이다. 학교 수업의 진도를 한순간 놓쳐 따라가지 못하면 그 이후로는 조금 뒤처지더라도 꾸준히 파고들어 따라잡을 시도조차 하지 못하는 것이다. 이는 단체 학습에서 개개인이 꾸준히 흥미를 느낄 수 있도록 신경 쓰기 어려운 교육환경 탓도 있고, 또 교과과정이 필연적으로 효율적인 학업성취를 최우선 과제로 삼을 수밖에 없어 핵심적인 내용에만 집중하기 때문이기도 하다.

하지만 많은 사람이 수학이 가진 매력을 느껴볼 기회조차 갖지 못한 채 수학은 지루하고 어려운 것이라는 편견으로 학창시절을 보내고, 또 그대로 성인이 되어 평생을 수학과 담을 쌓고 살게 되는 것은 실로 안타까운 일이 아닐 수 없다.

이 책은 우리나라 수학교육에서 접해보지 못한 새롭고 다양한 흥미로운 이야기를 무겁지 않게 풀어내고 있다. 수학이라는 단어에 괜스레 주눅 들지 않고 조금만 용기를 내서 책장을 넘겨보면, 생각보다 술술 넘어가는 페이지에 신이 나서 으쓱할지도 모른다. 물론 때때로 막히는 구석이 나올 수도 있겠지만, 수수께끼를 풀 때처럼 약간의 도전의식으로 조금만 물고 늘어지면 금세 해결할 수 있다. 게다가 페이지마다 나오는 풍부한 그림과 익살스러운 삽화도 이해를 도울 것이다.

아무쪼록 이 책이 수학공부에 손을 놓아버린 학생들에게는 수학에 대한 근본적인 흥미와 관심을 되찾아주고, 또 수학이 우리 생활과 동떨어진 것이라고 치부하는 성인에게는 수학이 주는 즐거움을 발견하고 수학이 생각보다 가까운 곳에 있다는 것을 깨닫는 기회가 되기를 바란다.

끝으로 인내심을 가지고 한결 같은 신뢰를 보내준 출판사 편집진에 진심으로 감사를 드린다.

2017년 5월

고 민 정

찾아보기

집 안에서 배우는 수학

초판 찍은 날 2017년 7월 07일
초판 펴낸 날 2017년 7월 17일

지은이 로뱅 자메
옮긴이 고민정

펴낸이 김현중
편집장 옥두석 | 책임편집 임인기 | 디자인 이호진 | 관리 위영희

펴낸 곳 (주)양문 | 주소 서울시 도봉구 노해로 341, 902호(창동 신원리베르텔)
전화 02. 742-2563-2565 | 팩스 02. 742-2566 | 이메일 ymbook@nate.com
출판등록 1996년 8월 17일(제1-1975호)

ISBN 978-89-94025-58-2 03400   잘못된 책은 교환해 드립니다.